Tucholsky Wagner Zola Scott Sydow Freud Schlegel
Turgenev Wallace Fonatne
Twain Walther von der Vogelweide Fouqué Friedrich II. von Preußen
Weber Freiligrath Frey
Kant Ernst
Fechner Fichte Weiße Rose von Fallersleben Richthofen Frommel
Engels Fielding Hölderlin
Fehrs Faber Flaubert Eichendorff Tacitus Dumas
Eliasberg Ebner Eschenbach
Feuerbach Maximilian I. von Habsburg Fock Eliot Zweig
Ewald Vergil
Goethe Elisabeth von Österreich London
Mendelssohn Balzac Shakespeare Dostojewski Ganghofer
Lichtenberg Rathenau Doyle Gjellerup
Trackl Stevenson Tolstoi Hambruch
Mommsen Thoma Lenz Hanrieder Droste-Hülshoff
von Arnim Hägele Hauff Humboldt
Dach Verne
Reuter Rousseau Hagen Hauptmann Gautier
Karrillon Garschin Baudelaire
Defoe Hebbel
Damaschke Descartes
Hegel Kussmaul Herder
Wolfram von Eschenbach Dickens Schopenhauer
Bronner Darwin Melville Grimm Jerome Rilke George
Campe Horváth Aristoteles Bebel Proust
Bismarck Vigny Barlach Voltaire Federer Herodot
Gengenbach Heine
Storm Casanova Tersteegen Gilm Grillparzer Georgy
Chamberlain Lessing Langbein Gryphius
Brentano Lafontaine
Strachwitz Claudius Schiller Kralik Iffland Sokrates
Bellamy Schilling
Katharina II. von Rußland Gerstäcker Raabe Gibbon Tschechow
Löns Hesse Hoffmann Gogol Wilde Gleim Vulpius
Luther Heym Hofmannsthal Klee Hölty Morgenstern Goedicke
Roth Heyse Klopstock Puschkin Homer Kleist
Luxemburg La Roche Horaz Mörike Musil
Machiavelli Kierkegaard Kraft Kraus
Navarra Aurel Musset Lamprecht Kind Kirchhoff Hugo Moltke
Nestroy Marie de France
Laotse Ipsen Liebknecht
Nietzsche Nansen Ringelnatz
Marx Lassalle Gorki Klett Leibniz
von Ossietzky May vom Stein Lawrence Irving
Petalozzi Knigge
Platon Pückler Michelangelo Kock Kafka
Sachs Poe Liebermann Korolenko
de Sade Praetorius Mistral Zetkin

Dit boek is onderdeel van de **TREDITION CLASSICS** serie. De makers van deze serie zijn verbonden door hun passie voor literatuur en gedreven met de bedoeling om alle publieke domein boeken weer gedrukte vorm beschikbaar te maken - wereldwijd.

De meeste geprinte **TREDITION CLASSICS** titels zijn al decennia verdwenen uit de boekenkasten. Bij tredition geloven wij dat een goed boek nooit uit de mode is en dat zijn waarde voor eeuwig is. Deze boeken serie helpt bij het behouden van de literatuur schatten. Het draagt bij in het behouden van prachtige wereldliteratuur werken.

Johannes Gutenberg, de uitvinder van Movable Type afdrukken (1400 – 1468) is het symbolische figuur van deze serie die enkele tienduizenden titels bevat.

Alle titels van deze serie **TREDITION CLASSICS** zijn beschikbaar als paperback en hardcover. Voor meer informatie over deze unieke serie en over tredition willen we u verwijzen naar: www.tredition.com

tredition is opgericht in 2006 door Sandra Latusseck & Soenke Schulz. Met kantoor in Hamburg Duitsland, tredition bied auteurs, uitgeverijen oplossing voor publiceren gecombineerd met een wereld wijde distributie voor zowel het gedrukte boek als het digitale boek. tredition heeft de unieke positie om auteurs en uitgeverijen boeken te laten creëren op hun eigen voorwaarden en zonder de conventionele productie risico's.

Het Haarlemmer-Meer-Boek

Jan Adriaansz Leeghwater

Impressum

Dit boek maakt deel uit van TREDITION CLASSICS.

Auteur: Jan Adriaansz Leeghwater
Cover design: toepferschumann, Berlijn (Duitsland)

Uitgever: tredition GmbH, Hamburg (Duitsland)
ISBN: 978-3-8495-4003-6

www.tredition.com
www.tredition.de

Copyright:
De inhoud van dit boek is afkomstig van het publieke domein.

De bedoeling van de TREDITION CLASSICS serie is om de wereldliteratuur beschikbaar te maken in gedrukte vorm via het publieke domein. Lieteraire liefhebbers en organisaties hebbe wereldwijd gescanned en digitaal de oorspronkelijke teksten bewerkt. tradition heeft vervolgens de inhoud geformatteerd en de inhoud opnieuw ontworpen in een moderne te lezen layout. Daarom kunnen wij niet garanderen dat de exacte reproductie van het originele formaat van een bepaalde historisch editie. Houd er dan ook rekening meet dat er geen wijzingen zijn aangebracht in de spelling, dus deze kan afwijken van de huidige spelling die vandaag te dag word gebruikt.

Het Haarlemmer-Meer-Boek.

HET
HAARLEMMER-MEER-BOEK

VAN

J. Asz. LEEGHWATER.

Dertiende Druk.

MET AANTEEKENINGEN

VAN

EN VOORAFGEGAAN DOOR

EENIGE LEVENSBIJZONDERHEDEN VAN DEN SCHRIJVER

EN

EEN HISTORISCH OVERZIGT

DER PLANNEN TOT EN DER WERKEN OVER

HET DROOGMAKEN VAN HET HAARLEMMER-MEER,

DOOR

Mr. W. J. C. van Hasselt,

LID VAN DE REGTBANK VAN EERSTEN AANLEG TE AMSTERDAM EN VAN DE
MAATSCHAPPIJ DER NEDERLANDSCHE LETTERKUNDE TE LEIDEN.

Met Portret, Kaarten, Fac-Simile, enz.

TE AMSTERDAM, BIJ
G. J. A. BEIJERINCK.
1838.

HET HAARLEMMER-MEER-BOEK

VAN

J. Asz. Leeghwater.

Dertiende Druk.
MET AANTEEKENINGEN
VAN
EN VOORAFGEGAAN DOOR
EENIGE LEVENSBIJZONDERHEDEN VAN DEN SCHRIJVER
EN
EEN HISTORISCH OVERZIGT
DER PLANNEN TOT EN DER WERKEN OVER
HET DROOGMAKEN VAN HET HAARLEMMER-MEER,
DOOR
Mr. W. J. C. van Hasselt,
LID VAN DE REGTBANK VAN EERSTEN AANLEG TE AMS-
TERDAM EN VAN DE MAATSCHAPPIJ DER NEDERLANDSCHE
LETTERKUNDE TE LEIDEN.
Met Portret, Kaarten, Fac-Simile, enz.
TE AMSTERDAM, BIJ
G. J. A. BEIJERINCK.
1838.

GEDRUKT BIJ C. A. SPIN.

J. A. LEEGHWATER
EN
HET HAARLEMMER-MEER.

OP HET UITMALEN VAN 'T HAERLEMMERMEIR.

AEN DEN LEEUW VAN HOLLANT.
    Uitheemsche vyanden te zitten in de veeren,
        Te slingeren den staert groothartigh over zee;
    Is ydel, als uw long, geslagen aen het teeren,
        Inwendigh vast vergaet; en gy, van hartewee,
    Zoo deerlijk zucht, en kucht, en loost, by heele brokken,
        Het rottende ingewant te keel uit in de golf.
    Wat baet het met uw' klaen al 't oost en west te plokken,
        Naerdien u bijt in 't hart dees wreede Waterwolf,
    Belust om over u eerlang te triomfeeren?
        o Lantleeuw, waek eens op, en wek met eenen schreeu
    Al 't Veen, de Kennemaer, en Rynlands oude Heeren,
        Met d'Aemsterlanders op, tot noothulp van hun' Leeuw,
    Men sluite met een' dijk dees pest, die u komt plagen.
        De Wintvorst vliegh' er met zyn molewieken toe.
    De snelle Wintvorst weet den Waterwolf te jagen
        In zee, van waar hy u quam knabblen, nimmer moê.
    De Veenboer zit en wenscht dees waterjaght te spoeien,
        En 't Veenwijf roept: hy ruimt, de Lantleeuw weit op 't ruim
    En zuight zyn long gezont aen d'uiers van de koeien.
        Zoo wint de Lantleeuw lant: zoo puurt hy gout uit schuim.

VONDEL.

De aan de Tweede Kamer der Staten-Generaal voorgestelde wet, *ter uitgifte van losrenten op een gedeelte der schuld, ten laste der overzeesche bezittingen, tot het doen van voorschotten voor openbare werken*, is in de zitting dier Kamer van den 2[den] April j.l. afgestemd en met haar alzoo ook het, bij die wet voorgedragen, plan tot *droogmaking van het Haarlemmer Meer*. Van de vijftien Leden, die over die wet het woord hebben gevoerd, is er echter niet één geweest, die zich tegen die droogmaking heeft verklaard, ja de meeste hunner hebben het verwezenlijken van dit zoo lang reeds beraamde plan wenschelijk genoemd, en alleen één der sprekers heeft bezwaren tegen hetzelve in het midden gebragt, welke meer uit bijzondere plaatselijke belangen, dan uit de zaak zelve hunnen oorsprong namen, zoodat men gerust mag vaststellen, dat, indien de droogmaking van het *Haarlemmer Meer* bij eene afzonderlijke wet ware voorgesteld, die wet door de Tweede Kamer zoude aangenomen zijn geworden, en dat zij alleen, zoo als een geacht Lid der Kamer zeide, »om den vorm en om de daarbij voorgestelde wijze van voorziening in de benoodigde gelden," niet om de daarbij voorgestelde zaken, is afgestemd geworden.

Wij vleijen ons alzoo, dat nog eenmaal, en, zoo wij hopen, binnen kort, het zoo vaak beraamde plan tot [4]droogmaking van het *Haarlemmer Meer* zal verwezenlijkt worden; want wie, die, in den aanvang van het vorige jaar, den toestand des lands rondom Amsterdam met aandacht heeft gadegeslagen; die het water van het Meer over de landen in den Binnenpolder tusschen *Sloten* en *Sloterdijk*, ja over den weg zelven tusschen Haarlem en Amsterdam, heeft zien stroomen; die den zwakken staat der dijken en middelen kent, welke dat water moeten keeren, waarvan sommige niet veel meer dan enkele Zomer-kaden zijn, wier onderhoud voor de eigenaren der naburige landen drukkender en bezwaarlijker is, dan zij dragen kunnen, vreest niet met LEEGHWATER, en met nog meer grond dan hij, dat het kind al geboren is, die het zal beleven, dat het Meer voor de poort van Amsterdam zal komen? ja vreest niet, dat hij zelf dit weldra zal ondervinden? en zegt niet met den dichter1?

> Wilt, eer uw ijver deez' landouwen
> Met ijzren gordel prijken doet,

ô! Wilt de jammerplaag beschouwen,
 Die kank'rend in heur binnenst wroet.
Of, moet ik ze u nog kennen leeren? —
Ziet, hoe de inééngevloeide meiren,
Door zwakke dammen niet te keeren,
 Het land, dat land van melk en room,
 Waar eens het vette rundvee loeide,
 Waar Slotens vruchtbre moeshof groeide,
Herschiepen in een' waterstroom!

Wat zal voor de opgeperste vloeden,
 Daar zelfs geen dijk hunn' voortgang stuit.
Het zinkend Aemstelland behoeden?
 Verzwelgend breiden zij zich uit.

[5]
 De teugellooze golven zwellen,
Gevoed uit 's afgronds diepe wellen:
Ras laat zich 't oogenblik voorspellen,
 Wanneer zij haar verbolgen nat
In 's Aemstels bedding overgieten,
Met vaart en Slochter samenvlieten,
 En stroomen binnen d'Aemstelstad.

Er zijn, wij weten het, die ons zullen toevoegen: *reeds meer dan twee eeuwen is dit schrikbeeld opgehangen, en nóg heeft het Meer Amsterdam niet bereikt!* Maar moet het dan eerst zóó ver komen? moet de *water-wolf* dan nog eerst meer lands hebben ingezwolgen, vóór men tot het besluit kome, om hem den muil te breidelen? Dat hij jaarlijks aan de randen knabbelt, en jaarlijks meer en meer inzwelgt; dat het jaarlijks schatten kost, om hem zijnen roof te betwisten, is overbekend2.

In de XVI[de] eeuw was het *Haarlemmer Meer* nog slechts een plas van 3040 morgen, en afgescheiden van het *Leidsche-*, het *Spiering-* en het *oude Meer*, uit welke het sedert is zamengesteld. Al deze Meren besloegen in den jare 1531, volgens de kaart door den Landmeter van *Rhijnland*, MELCHIOR BOLSTRA, opgemaakt, te zamen 6585 morgen. Weldra werden deze Meren door de kracht hunner wateren veréénigd; zij bedekten in 1591 reeds 12375, in 1647, 17082, en in 1687, 18100 morgen. Toen voormelde BOLSTRA in de jaren 1739 en 1740, op hoog bevel, de vier Meren mat, vond hij, dat 19,500 [6]morgen lands door die wateren waren bedekt, en bij de opmeting in 1808, door den Heer A. BLANKEN JSZ., is het vereenigd *Meer*, thans bekend onder den naam van *Haarlemmer Meer*, met het *Kager Meer* bevonden eene oppervlakte van 20872 morgen te beslaan, zonder daarbij te rekenen het *Lutke Meer*, dat 323 morgen groot is3. Een aanwas alzoo van bijna 15000 morgen op 6000, gedurende den tijd van drie eeuwen.

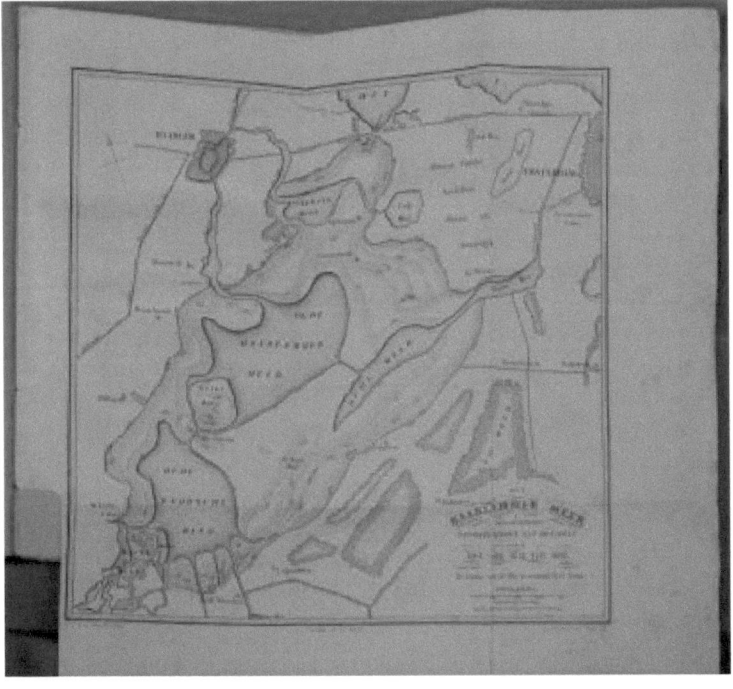

Daarenboven zijn van het *Haarlemmer Meer*, aan den zuidoostkant, verscheidene zeer wijde uitgeveende plassen slechts door smalle strooken lands afgescheiden, zoodat, indien men er deze bijvoegt, de uitgestrektheid waters op 30000 morgen kan geschat worden, en gewoonlijk geschat wordt.

Het door ons hierbij gevoegde kaartje toont den toestand van het *Haarlemmer Meer*, zoo als het in 1531 was, en duidt tevens aan, hoe het Meer van tijd tot tijd is vergroot en toegenomen: de buitenste streep wijst de grootheid aan van dezen plas in den jare 1808. Al het land, hetwelk tusschen die streep en die, welke met 1531 gemerkt is, ligt, of liever, lag, is gedurende die drie eeuwen door het water verzwolgen.

Het is nog geen 250 jaren geleden, dat *Zwanenburg* (halfweg *Haarlem* en *Amsterdam*) meer dan 700 Rhijnlandsche roeden van het toenmalig *Spiering-Meer*, thans geheel met het *Haarlemmer* veréénigd, verwijderd was, en nu ligt *Zwanenburg* aan het *Meer* en wordt door zijne wateren bespat. Het is naauwelijks 200 jaren geleden, dat de dorpen *Nieuwkerk* en *Rijk*, welig bewoond, hunne [7]torens in het omliggend land omhoog staken. *Nieuwkerk* en *Rijk*, toen meer dan drie honderd roeden van het Meer verwijderd, zijn verdwenen, en hunne kerken en torens in hetzelve, even als vroeger het dorp *Vijfhuizen*, bedolven, en de namen *Nieuwkerk*, *Rijk* en *Vijfhuizen* zijn van de kaart des Lands en uit de geheugenis der menschen weggevaagd.

Maar het Meer is nog zeven honderd roeden van Amsterdam verwijderd! wij zeiden het zoo even, zeven honderd roeden was in 1591 *Zwanenburg* van het Meer gelegen, en geen vijftig jaren daarna klotsten zijne golven tegen *Zwanenburg* aan; zij zullen welligt weldra tegen en in *Amsterdam* klotsen. De inwoners dier stad zullen ter eeniger tijd, (misschien is die tijd niet verre verwijderd,) bij hun ontwaken vreemd ophooren, dat het Meer over den *Amsteldijk* en bij de *Beerenbijt* stroomt. Dan vergoeden *Rhijnland* en *Leiden* aan het Rijk de verliezen van *Amstelland* en *Amsterdam*, Maar kunnen *Rhijnland* en *Leiden* ook niet eenmaal eene prooi van dit vernielend gedrogt worden?

Meermalen heeft men dan ook, uit besef der onberekenbare gevolgen, die dat ontzettend water voor *Holland* zou kunnen hebben, en bij het denkbeeld, hoe vele morgen goeden, bruikbaren gronds door de golven bedekt zijn, het plan beraamd om het Meer te bedijken, en, even als zulks zoo vele andere meren zijn gedaan, droog te malen. Niet slechts geldelijk belang, maar ook het afweren van een te vreezen onheil, was het doel dier ontwerpen. Nu eens werd zoodanig een plan door bijzondere personen, dan weder, gelijk bij voorbeeld in 17424 en 1808, op openbaar gezag [8]beraamd. Maar die plannen bleven alle zonder gevolg. In het begin van 1819 leverden de Heeren F. G. Baron VAN LIJNDEN VAN HEMMEN, W. F. Baron ROËLL en O. REPELAER VAN DRIEL, de beide laatste door den eersten hiertoe opgewekt, aan Z. M. een verzoekschrift in, ten einde octrooi te erlangen, om, volgens een nader over te geven plan, het *Haarlemmer Meer* te doen droogmaken en verlof te bekomen, om deze onderneming bij wijze van associatie ten uitvoer te brengen, als eene private en particuliere zaak, zonder dat het Gouvernement met subsidiën, voorschotten of garantie zou worden bezwaard.

Z. M. gaf aan de verzoekers verlof, om een plan van droogmaking te beramen, met last, om dienaangaande de belangen der Hoog Heemraadschappen van *Rhijnland* en *Amstelland* in acht te nemen, en gaf hun vrijheid, om, nadat het plan door Hoogstdenzelven zou zijn goedgekeurd, hunne landgenooten tot medewerking en deelneming in dit ontwerp te mogen uitnoodigen5.

Dit plan van de Heeren VAN LYNDEN, ROËLL en REPELAER kwam echter nimmer in werking, en de zaak bleef wederom slepende, tot dat de stormen van December 1836 en de niet te ontveinzen voor Amsterdam hoogst bedenkelijke toestand van het Meer in Jan. 1837, het Gouvernement ernstig bedacht maakten, om dien inlandschen vijand, tegen wien men reeds eeuwen lang eenen kostbaren oorlog, [9]en steeds met een ongelukkig gevolg, voert, met kracht ten onder te brengen en zoo mogelijk ten onder te houden. De voordragt hiertoe is thans verworpen en de zaak zal wederom slepende blijven, tenzij het Gouvernement, bij eene afzonderlijke wet, haar op nieuw aan de Staten-Generaal voordrage, of wel, hetgeen welligt wenschelijker ware, bijzondere personen op nieuw zich vereenigen, om, onder goedkeuring van het Gouvernement, dit grootsch ontwerp ten uitvoer te brengen. Indien men bedenkt, welke schatten de Heemraadschappen en de Ingelanden der polders, die door het Meer bespoeld worden, jaarlijks moeten betalen, om dat water in bedwang te houden, dan verwondert men zich, dat niet reeds lang de eigenaren dier landen de handen in één hebben geslagen, om dien gemeenschappelijken vijand te beteugelen. Hoe zouden hunne eigendommen in waarde stijgen, indien zij van de jaarlijksche omslagen, die zij thans tot het bedwingen van het Meer, dat met toom en breidel spot, opbrengen, bevrijd waren! Men berekent de tegenwoordige jaarlijksche kosten, tot onderhoud der Meerwerken, voor *Rhijnland* alléén, op meer dan *f* 30,000. En vraag het den Ingelanden van den *Binnen-Polder,* tusschen *Sloten* en *Sloterdijk* eens, wat het hun kost, om hunne landen, en om *Amsterdam* tegen het Meer te beveiligen! vraag hun eens, wat het jaar 1837 hun gekost heeft, en gij zult verbaasd staan. Voor de Ingelanden der rondom het Meer liggende Polders zou dus het droogmaken van dien plas mede hoogst gewigtig zijn. Bijzondere belangen kunnen hiertegen in geene aanmerking komen, evenmin of deze of gene stad, dit of dat collegie, deze of gene persoon voordeelen uit het aanwezen van het Meer trekt. Bijzondere belangen moeten voor het algemeen belang zwijgen, en de wet van *onteigening,* met hare niet ongunstige schadeloosstelling, is daar en kan ook hier van [10]toepassing zijn. Het grootste bezwaar is, naar mijn inzien, de vrees, dat bij sterke opzetting van water *Rhijnland* geene voldoende uitwatering zou hebben. Maar zoo dat bezwaar, waarover ik niet *kan* noch *mag* oordeelen, gegrond mogt zijn, dan vraag ik, of in den tegenwoordigen staat der wetenschappen, en bij het veelvuldig en krachtig gebruik der *stoomwerktuigen,* niet een middel is uit te denken, om *Rhijnland* in dat geval van het overtollig water te ontheffen? Dit is zeker, dat, indien het Meer blijft, zoo als het is, *Amstelland* vroeg of laat de prooi zijner golven moet worden.

Maar de meeste schrijvers, die over het droog maken van het *Haarlemmer Meer* geschreven hebben, zijn van meening, dat het opgegeven bezwaar voor *Rhijnland* niet bestaat; immers zoo geducht niet is, als men het wel wil voorstellen, en dat het ligtelijk zou zijn af te wenden.

Onder de schrijvers, die over het nut, de noodzakelijkheid en de mogelijkheid der bedijking en droogmaking van het *Haarlemmer Meer* schreven, behoort in de eerste plaats JAN ADRIAANSZ. LEEGHWATER, die, vóór nu bijna twee eeuwen, in zijn beroemd *Haarlemmer-Meer-Boek,* een volledig en, voor zoo ver bekend is, het eerste plan tot dit onderwerp uitgaf.

Deze JAN ADRIAANSZ. LEEGHWATER werd, in den jare 1575, in het dorp *de Rijp* geboren6. Zijn vader ADRIAAN SYMONSZ. was aldaar timmerman en had in 1594 het opzigt [11]over het leggen van de eerste houten sluis in de Rijp7, en zijn grootvader, SYMON RUTS, was aldaar brouwer, en had tot vrouw GRIET MAARTENSZ., mede van de Rijp, die in den jare 1604, in den ouderdom van 90 jaren, stierf8.

Waarschijnlijk, ja bijna zeker is het, dat zijne voorouders den naam van LEEGHWATER niet voerden, maar naar het gebruik dier dagen, dat nog lang ten platten lande, vooral in Noord-Holland, het langst echter in Vriesland, heeft aangehouden, alleen den naam hunner vaders bij den hunnen voegden, en alzoo slechts ADRIAAN SYMONSZ., SYMON RUTSZ. enz. genoemd werden. Zoo ook komt LEEGHWATER in een *octrooi* van den jare 1605, waarvan wij nader zullen gewagen, alleen onder den naam van JAN ADRIAANSZ. voor. Eerst in later tijd, en in meer gevorderden ouderdom, schijnt hij den naam van LEEGHWATER te hebben aangenomen, waarschijnlijk door dezen of genen hem toegevoegd, om de veelvuldige *wateren*, die hij in *Noord-Holland* en elders had helpen leêgen9. [12]

Zijne moeders-moeder was PIETJE PIETERS SCHOUTE, en eene dochter der zuster van eenen Abt van het klooster van *Egmond*10.

Hij zelf schijnt eene vrouw uit de Schermer te hebben gehad; want in de *kleine kronijk* zegt hij (bl. 11, N°. 11): "De huisluiden van Schermer waren in mijne jonkheit, toen ik aldaar eerst getrouwd was, wat ruw van manieren en zeden; daar waren weinig huizen, die schoorsteenen hadden."

Van zijne eerste jeugd en van zijne opvoeding is ons weinig of niets bekend; hij noemt zich op de titels der door hem uitgegeven werken: *Molenmaker en Ingenieur van de Rijp*; doch hij bezat in zeer vele vakken eene groote ervarenheid, en men zou hem een' *duizendkunstenaar* kunnen noemen.

Hij verhaalt in zijne *kleine kronijk*11, dat het hem heugde, dat er in Holland niet één *achtkante oliemolen met stampers* bestond, en dat hij voor eigen gebruik den eersten zoodanigen molen tegen *Rijp en Graft* getimmerd en gemaakt heeft; dat die molen, toen hij dit schreef, bijna 45 jaren gebruikt en nog gangbaar was. — Hij schijnt dus ook olieslager te zijn geweest.

Toen in het jaar 1630 het raadhuis in de *Rijp* zou worden gebouwd, vervaardigde hij het bestek en de daartoe behoorende teekeningen, waarna het werd afgewerkt12.

Doch als *Molenmaker* muntte hij voornamelijk uit, en zijne bekwaamheid in het vervaardigen en stellen van *Molens* werd niet slechts binnen 's Lands, maar ook daar buiten beroemd. Van hoeveel belang die bekwaamheid is, weten zij, die zich met het droogmaken van plassen of polders immer hebben moeten onledig [13]houden. Maar die bekwaamheid kwam vooral in den tijd, waarin LEEGHWATER leefde, te stade. In de XVIe en in het begin der XVIIe eeuw was Holland bijna meer dan de helft water. De kaart van J. J. BEELDSNIJDER, gedrukt in 1575, kan er u van overtuigen. Reeds in de laatste helft der eerstgenoemde eeuw, werden eenige dier plassen drooggemaakt; men begon in 1553 met *de Zijp*; maar in het begin der XVIIe eeuw, toen het land, van vreemd, uitheemsch gezag ontslagen, eenigzins tot rust begon te komen, was men er ernstig op bedacht, om die binnenlandsche wateren uit te malen en in bruikbaar land te herschapen. Droogmaking op droogmaking volgde elkander op. Bij de meeste dier ondernemingen was LEEGHWATER door raad of daad behulpzaam; vooral was hij werkzaam bij het bedijken van de nu bloeijende *Beemster*, waarbij hij was aangesteld, om, zoo als hij zegt:»waer te nemen het fabrijken en stellen van de watermolens." Het is bekend, dat dit *Meer*, met welks bedijking men in 1608 een' aanvang nam, (niettegenstaande het eens doorbrak) in 1612 geheel droog was gemaakt. Ook bij het droogmaken van de *Purmer*, de *Wormer*, de *Bijlmer*, de *Waard*, de *Schermer* en van meer andere meren, moerassen en polders was hij werkzaam13, en zijn genie wist vaak de hinderpalen te overkomen, welke zich van tijd tot tijd opdeden. De roem zijner bekwaamheid in het leêgmalen van plassen was zóó groot, dat hij door den Stadhouder FREDERIK HENDRIK, in den jare 1629, in het leger vóór *'s Hertogenbosch* werd ontboden, om, zoo als LEEGHWATER het uitdrukt: »het water uit het leger te malen en de watermolens bij *Engelen* weder gangbaar te maken." Hetgeen hij naar wensch volvoerde, en niet weinig tot het bemagtigen dier belangrijke stad heeft toegebragt14. [14]

Maar ook buiten 's Lands werden zijne bekwaamheden op prijs gesteld: in den jare 1628 werd hij naar *Bourdeaux* geroepen, om zijnen goeden raad te geven tot het droogmaken van een moeras,

4500 morgen groot, toebehoorende aan den Hertog van EPERNON, en niet ver van dáár gelegen15; waaraan hij naar wensch voldeed, eene kaart van dat Moeras vervaardigde en dezelve aan den Hertog, die toen met het leger van den Koning van *Frankrijk* vóór *Rochelle* lag, overhandigde16. Twee jaren hierna ontbood men hem naar *Metz*, om raad te geven tot het droogmaken van een aldaar gelegen moeras17. Ook in het gebied van den Hertog van *Holstein*, in *Emderland*, in *Friesland* en elders werd hij geroepen, om behulpzaam te zijn in het droogmaken van moerassen en meren, om, zoo als hij zegt, »te ordineren dijken, dammen, sluizen, kaaijen, heulen, molens, molen-togten, kolken, wateringen, enz."

Maar zijne bekwaamheden en werkzaamheden bepaalden zich niet tot het hierboven opgenoemde: wij zeiden reeds boven, dat hij in zeer vele vakken van wetenschap eene groote ervarenheid bezat. Hoor wat hij er zelf van zegt: — »Ik heb (dus schrijft hij in zijn *kleine Cronijkje* N°. 49) in mijnen tijd gemaakt verscheidene soorten van molens, ook huizen en sluizen en verscheidene notabele stukken van kassen en schrijnwerken, alsmede vele *uurwerken* in dorpen en steden, ook mede twee groote notabele speelwerken te Amsterdam, staande op den Wester- en Zuiderkerks-toren. Ik heb ook mede gemetseld aan het nieuwe stadhuis te Amsterdam, en mede aan den [15]toren van de Nieuwe Kerk, alsmede aan de brug bij Jan-Roodepoorts-toren. Behalve dien heb ik nog verscheidene notabele handwerken gedaan in hout en steen, in koper, in ivoor en metaal, hetwelk te lang zou wezen om alles te verhalen."

»Ook somtijds met de pen te speelen,
Te teekenen kerken en kasteelen,
Daar bij te schrijven grof en fijn,
Dat kan (God-lof!) nog heel wel zijn."

Dit schreef hij toen hij 74 jaren oud was. Dat hij elf jaren vroeger *nog heel wel* met de pen kon omgaan, blijkt uit onderstaand *fac simile* van eene door hem in den jare 1638 vervaardigde teekening.

Een Can die veel te-water gaet.
Int eijnd noch wel aen stucken slaet.

1638 JALW

[16]

Maar LEEGHWATER verstond daarenboven eene kunst, die sedert geheel schijnt verloren te zijn geraakt, de kunst namelijk van onder water te duiken, aldaar eenen geruimen tijd te vertoeven en verschillende verrigtingen ten uitvoer te brengen18.

Hij gaf met PIETER PIETERSZ.19 van deze bekwaamheid in den jare 1605, in de nabijheid van 's Gravenhage, eene proeve in tegenwoordigheid van Prins Maurits, diens broeders FREDERIK HENDRIK, van de Graven WILLEM en ERNST VAN NASSAU, van vele Edelen en andere personen. Welke proefneming hij in het volgende jaar buiten *Amsterdam* herhaalde, in tegenwoordigheid van vele menschen. Hij bleef alstoen drie kwartiers onder water, waar hij at, de schalmei bespeelde, ja zelfs op een papier schreef en andere verrigtingen ten uitvoer bragt, zoo als zulks door hem, op eene hoogst eenvoudige wijze, met vermelding van vele kleine omstandigheden, in zijn *kleine Kronijk* aldus is te boek gesteld20: [17]

»Van het onder-water gaan, geschiet in den Hage
in bijwezen van Prins MAURITIUS en andere
groote Heeren, een konst nooit te voren
gehoort of gezien.

»1. In 't jaar 1605, in 't laatste van April, zoo is daar een Wijnkooper tot *Alkmaar* geweest, genaamt DIRK THOMASZ., die met den Prince MAURITIUS zeer familiaar was, en verscheiden redenen met den Prince hadde, waarvan hij mede verhaalde, dat in *Noort-Hollant* in de *Rijp* twee of drie jongelingen waren, die onder het water konden gaan, waarvan den Prince zeer begeerig was om 't zelve te zien; waarop den Wijnkooper tot antwoord gaf: »Ik zal de luiden verschrijven, dat zij bij zijne Vorstelijke Genade in *den Hage* zullen komen."

»2. Ende alzoo door het schrijven zijn wij na *den Hage* gereist, en zijn aldaar bij den Prince gekomen, die ons zeer vriendelyk groette ende ons vraagde, of wij de luiden waren, die onder 't water konden gaan? waarop wij antwoordden: Ja mijn Genadigen Heer; waarop de Prince wederom zeide: Hoe zoude men dat konnen weten, of men zoude dat moeten zien? waarop wij wederom antwoordden en zeiden: Zo het mijn Heer morgen belieft te zien, wij willen 't alhier morgen in den Vijver wel doen; waarop de Prince wederom zeide: dat hij dat in den Vijver niet en begeerde; daar zouden wel duizent menschen bij komen; dat en zoude niet dienen.

»3. Doen heeft de Prince een Valkenier bij hem ontboden, genaamt HENDERIK EVERTSZ., die met ons zoude gaan buiten *den Hage*, om een water te zoeken, daar 't bequaam [18]was om de konst te doen, 't welke wij alzo gedaan hadden, welke water is een weinig buiten *den Hage* aan de slinkerhand, in een Molentocht, als men naar *Delft* vaart.

»4. Den eersten dach doen wast een storm ende heel kout weder, zo dat wij den Prince doen niet en spraken, maar den tweeden dach daaraan heeft den Prince ons een zeker uure gestelt, als den maaltijt gedaan was na den middag, dat wij dan op de plaatze gereet zouden staan, waarbij dat de Prince ook tegen ons zeide: Mannen, ik heb gisteren wel om u gedocht, ik en zoude niet gaarne hebben, dat gij een ziekte zoude halen om mijnent wille.

»5. Alzo den tijt bestemt was, zoo zijn wij op de plaatze gegaan, ende gereetgestaan; doen is den Prince MAURITIUS, met zijn broeder Prins HENDERIK, met Graaf WILLEM van *Vrieslant*, met Graaf ERNST, ende meer andere groote Heeren en Edelluiden met de koetzen bij ons gekomen, ende daar alzo gelijk bij ons staande, doen zeide den Prince MAURITIUS: Mannen, ik ben nu gereet om te zien; waarop ik JAN ADRIAANSZ. LEEGHWATER met een goede couragie in 't water gesprongen ben, en zeide: Adieu, mijn vroome Heeren; ende ik was daar zo lange onder het water, dat den Prince Mauritius met d'andere Heeren wel vernoegt waren, en doen ik weder boven 't water quam, doen vraagde mij den Prince MAURITIUS: Wat was dat geluit dat ik hoorde? waarop ik zeide: Ik heb luide geroepen; heeft mijn Heer dat ook verstaan? waarop de Prince zeide: Ik meende, dat het het brullen van een koe was.

»6. Daarna is PIETER PIETERSZ., een van onze medemakkers, in 't water gesprongen een stuks weegs verscheiden, dewelke alzo lang onder het water was als ik, waarover PIETER PIETERSZ. met zijne vingeren een weinig boven 't water speelde; doen zeide Graaf WILLEM van *Vrieslant*: Den kerel werd verzoepen; hij en kan hem nigt langer holden. [19]

»7. Ende alzo PIETER PIETERSZ. mede op 't land komende, wij beide nog fris ende wel waren, zoo heeft den Prince MAURITIUS tegen ons gezeit: Mannen, ik zie dat de konste goet is; gaat niet uit *den Hage* aleer ik u gesprooken heb, en gaat in een goede herberge en maakt goede cier, hetwelke wij alzo gedaan hebben, ende daarna zijn wij weder bij den Prince gekomen op het Hof, daar hij ons een vereeringe gegeven heeft, ende ook mede Octroy van onze konste, hetwelke ik nog tot dezen dag bewaart heb."

»*De tweede onderwaterduiking, geschiet tot Amsterdam.*

»1. In 't jaar 1606, op Amsterdamsche kermis, zo is daar een koopman van de *Rijp* geweest, geheeten MEINERT CORNELISZ. SALM, die tot *Amsterdam* zeer wel bekent was, die van de konste van onder water te gaan tegen zommige bekende Borgers van *Amsterdam* gezeit hadde, dat de konste op de Wetering, buiten de Heilige Wegs-Poort, aan de slinkerhant, gedaan zoude werden in prezentie van 10 of 12 perzonen, aldaar mede prezent was MEINERT SALM van de *Rijp*, ALBERT VERSPEK van *Antwerpen*, DIRK VAN OS van *Amsterdam* met zijn Soon, die nu Dijk-Graaf van de *Beemster* is, FREDERIK JANSZ. met zijn Soon, JACOB FREDERIKSZ. van *Amsterdam*, beide Olijslagers, JACOB WROGT van *Amsterdam*, met JAN LOUWEN van de *Rijp* met zijn Huisvrouw, ende meer andere goede bekenden.

»2. Ende alzo dit geschiedde nabij de stad *Amsterdam*, zo is aldaar een grooten toeloop van volk gekomen ende vergadert van verscheiden steden, dorpen en plaatzen, so dat daar wel zeven of agt hondert menschen bij malkander waren, of meer: zo was daar een onder allen, die het niet geloofde, en zeide: Het zal wezen gelijk die man die vliegen zoude; wie is malder, de man die vliegen [20]zal, of die gene die het zien zullen? waarop ik JAN ADRIAANSZ. wederom zeide: Ik zal het volk niet bedriegen; ik zal 't voor haar oogen doen, dat zij dat zien zullen.

»3. Zo is 't dat ik een linnen kleed bij mij genomen hadde, hetwelke ik aandede, waarvan ik de zakken uittrok, en dede daar tien of twaalf peeren in, dat zij het voor hare oogen zagen, ende ik zeide tegen het volk: Deze peeren zal ik half op-eeten, opdat gij luiden niet en zegt dat ik de peeren in den grond gesteken heb. Ook hadde ik mede een schalmey bij mij, daar ik wel op konde speelen, dien ik mede bij mij in mijn zak dede, en zeide: Daar zal ik verscheiden voizen en Psalmen op speelen, dat gij dat boven water, op het land hooren ende verstaan zult; waarbij PIETER PIETERSZ. op het land bij het volk bleef; om het volk reden te geven en te onderregten.

»4. Onder allen was daar mede een Makelaar onder het volk, geheeten LEMS, die hadde een schoon blad pampier bij hem, daar schreef hij zijn naam op, hetwelke hij mij gaf, waarop ik tegen hem zeide: Ik zal daar onder water op den grond op dat pampier met pen ende inkt schrijven, dat gij dat boven water op het land zult konnen lezen.

»5. Ende doen ik gereed was, ende wel wakker konde zwemmen, ende ook mede een jongman was, zoo gaf mij den Almogenden God de vrijmoedigheit, dat ik met een goede couragie in 't water sprong, mijn aangezigt na het volk toewendde, ende zeide: Adieu, gij vroome Borgers van *Amsterdam*, dat is u ter eeren, daar ga ik onder.

6. Zo is dat alzo geschied, dat ik de peeren onder water half opgegeten heb, en vertoonde de peeren onder het volk, doen ik op het land quam; ende op hetzelve pampier schreef ik mede zo veel: *dit heb ik voor Amsterdam in de Wetering ende onder water geschreven*; ende [21]op de schalmey speelde ik mede onder water op den grond, dat het volk, die op het land stonden, boven water gemakkelijk hooren ende verstaan konden; onder allen speelde ik mede den 23 Psalm: *Mijn God voet mij als mijn Herder geprezen*, dat die luiden, die op de kant van de sloot stonden, zeiden: Hoort eens mannen, dat speelt hij nu! Alzo had ik mijn plaizier ende recreatie onder 't water op den grond.

»7. Ende doen ik dogte dat ik aldaar lang genoeg geweest was, dat het volk wel vernoegt zoude wezen, zo ben ik met een goede couragie weder opgekomen, mijn aangezigt na het volk, en doen ik nog in 't water was, zo heb ik tegen het volk met een luide stemme geroepen: Wat dunken de luiden van de konst? waarop het volk antwoordde en zeide: De konst is goet.

»8. Ende doen ik weder op het land quam, doen vertoonde ik mijn geschrift, het pampier nog droog wezende, hetwelke veel luiden gezien en gelezen hebben, ende daarover zeer verwondert waren: ende den Makelaar LEMS weder behandigt hebbende, die het nog zommige jaren daar naar bewaarde; ende als ik nog onder water was, zo was alreeds de tijdinge al in de stad, die man is al verdronken, hij en komt zijn leven niet weder: en doen ik weder op het land quam, zo hadde FREDERIK JACOBSZ., Olijslager van *Amsterdam*, een nagt-glas bij hem genomen, en zeide tegens mij: JAN ADRIAANSZ., weet gij wel hoe lange dat gij onder water geweest hebt? — Neen ik, FREDERIK JACOBSZ., zeide ik. Doen zei hij weder tot mij: Dat glas is eens uit-geloopen ende eens half uit, dat is drie quartier van een uur. Doen waren daar verscheiden luiden, die tegen malkanderen zeiden: Hebt gij wel gezien wat dat hij gedaan, hadde doen hij in 't water ging? hij hadde hem met olij bestreken; ende d'andere zeide: hij hadde een root lapken in zijn mond genomen; in zomma, [22]elk een zeide het zijne. Ik hadde gedaan gelijk de Comedianten doen, ik speelde het spel te regt, zonder iets te haperen ofte te manqueren; die het spel niet en kan, die en speel het niet. Ende als het werk gedaan was, zo waren daar veel liefhebbers, die haar milde hand toonden: ende onder allen was daar een man uit *Zeeland*, die zeide; omdat de konste zoo fraay is, zoo schenke ik u daartoe nog een Zeeusche Daalder.

»9. Daarna heb ik mijne kleederen weder aangetrokken, ende ben weder na de stad gegaan, aldaar ik een groot getal van volk bij mij hadde, die zeer begeerig waren om de man te zien, waarvan nu nog verscheiden luiden in de stad van *Amsterdam* zijn, die het gezien hebben ende daarvan konnen getuigen.

»10. Nu voort wat de konste belangt, men vint in 't Boek Jobs geschreven in het 28 cappittel in het 12 vers: *Men keert den stroom des waters, ende brengt dat daar verborgen in is aan 't licht.* So dat ik niet en weet eenige konsten te bedenken, die zo bequaam ende zo goet zijn om verborgen schatten van den grond te halen; men kan aldaar onder water een wijl tijds leven, ende zijne handen en voeten wel gebruiken, hetzij dat het een vadem diep is, ofte meer: al waar 't agt of tien vadem diep, de konst is even goet."

Indien dit verhaal alleen in de Kronijk van LEEGHWATER werd gevonden, zou men genegen zijn, de waarheid van hetzelve in twijfel te trekken; maar nog op den huidigen dag wordt het oorspronkelijk *Octrooi*, door de Staten-Generaal aan LEEGHWATER en twee andere daarbij vermelde personen, wegens die kunst, den 5[den] Mei 1605, en dus kort nadat zij in 's Hage proeven van hunne bekwaamheid gegeven hadden, verleend, en waarvan LEEGHWATER (hierboven bl. 19) gewag maakt, nog bij de nazaten van LEEGHWATER bewaard, en

[23]ik ben het aan de vriendelijke tusschenkomst van den Wel-Eerwaarden Zeer Geleerden Heer J. VAN GILSE verschuldigd, dat ik in staat ben gesteld, een *fac-simile* van hetzelve hier bij te voegen. Dit Octrooi werd reeds door wijlen den Heer J. MEERMAN in den jare 1807, in den *Konst-* en *Letterbode*21, aan het licht gebragt. Het oorspronkelijke is op parkement of francyn geschreven en van den volgenden inhoud:

»Die Staten Generael der Vereenichde Nederlanden, Allen den ghenen die desen jegenwoordige sullen sien ofte hooren lesen. saluyt. — Doen te weeten, dat wy ontfangen hebben de supplicatie, aen ons gepresenteert by PIETER PIETERSZ., JAN ADRIAENSZ. ende WILHEM PIETERS, alle woonende in de Rype, inhoudende hoe dat sy supplianten geinventeert ende by Zyne Princelycke Excellentie geprobeert hebben, seker waterconste, soo om onder twater te gaen, staen, sitten, liggen, eeten ende drincken, lesen ende scryven, singen ende spreken, voorts om eenige bruggen ende sluysen te repareren off te nyente22 te doen, cabels onder schepen die gesoncken zyn, vast te maken, om die uuyten gront te winden, item om peerlen, ende andere costelycke goederen op ten gront te soucken, mitsgaders om eenige missiven ofte brieven heymelyck onder twater te dragen ende brengen, boven dien zyn Asem bequamelyck te mogen halen, tzy oft het diep is een, twee, vyff, sess offe meer vademen, verzoeckende ende biddende oitmoedelyck, (nademael zy beducht zyn, dat men haerlieder inventie soude namaecken), dat Wy hen souden willen verleenen onse openen brieven van Octroy, om de voorsz. heure Inventie voor eenige jaren alleene in de Vereenichde Provincien te mogen maken, met verboth van deselve na te maken, in geenerlye wyse, int geheel ofte ten deele, by verbeurte van sulcke nagemaecte Inventie, ende daerenboven van seekere groote Penen, by ons daertoe te ordonneren. Waerom Soo ist, dat Wy, genegen wesende ter Bede van de voorsz. Supplianten, deselve geoctroyeert hebben, ende octroyeren mits desen, dat zy voor den tyt van thien jaeren naestcommende, alleene in de Vereenichde Provincien sullen mogen maken ende gebruycken de voorsz. Waterconste, by hen geinventeert om onder [24]twater te gaen, staen, sitten, liggen, eeten ende drincken, lesen ende scryven, singen ende spreken, voorts om eenige bruggen ende sluysen te repareren offe te nyeuwte te doen, cabels onder schepen, die gesoncken zyn, vast te maken, om die uuyten gront te winden. Item om peerlen, ende andere costelycke goederen opten gront te soucken, mitsgaders om eenige missiven offe brieven, heymelyck onder twater te dragen ende brengen, bovendien zyn Asem bequamelyck te mogen halen, tzy off diep is een, twee, vyff, sefs offe meer vademen, verbiedende een yegelyck van wat qualiteyt offe conditie hy zy, de voorsz. geinventeerde Waterconste int geheel ofte ten deele in de Vereenichde Provincien natemaken, ofte elders nagemaect inde selve te brengen, om die te gebruycken, op te verbeurte van het nagemaecte werck, ende daerenboven van de somme van twee hondert Guldens, tappliceren deen derddendeel daervan tot behoeff van den Aenbrenger, een ander derddendeel tot behoeff van den officier, die de executie doen sal, ende het resterende derddendeel tot behoeff van de voorsz. suppliernten, ende dit alles mits dat het zy eene nieuwe Inventie, te vooren in dese Landen niet gepractizeert, ende sonder preiuditie van alle voorgaende generale, ende particuliere concessien. Gegeven onder onsen cachette23, in Sgravenhage, den vyffden Mey XVI^c ende vyff."

Ter ordonnan. van de voorn. Heeren Staten-Generaal.

(was geteekend:)

AERSSEN.
1605.

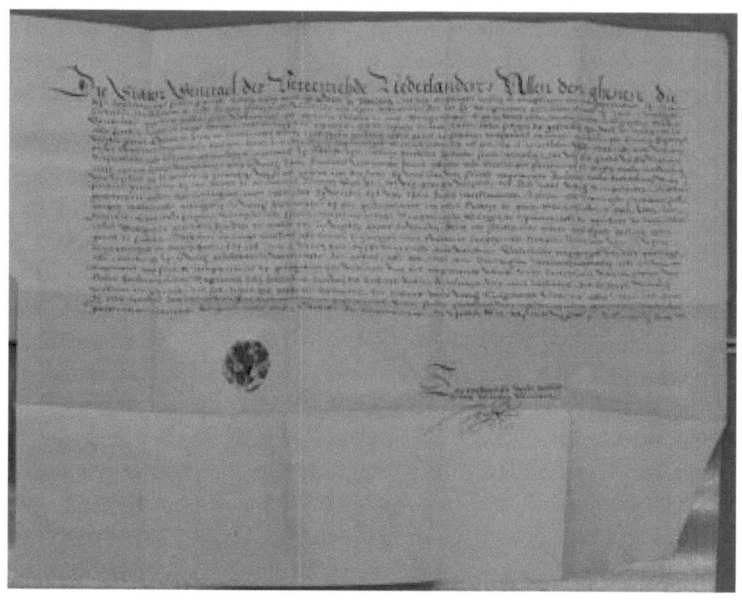

De waarheid van het verhaal van LEEGHWATER is alzoo boven allen twijfel verheven; maar zonderling is het, dat nergens elders blijkt, dat hij, die meer dan 40 jaren na het bekomen van dit Octrooi leefde, of zijne makkers naderhand eenig gebruik van hetzelve hebben gemaakt, of dat bij het eindigen van dit Octrooi hunne kunst de eigendom van het publiek zou zijn geworden, of dat zij die kunst naderhand aan anderen zouden hebben medegedeeld. Men zou bijna moeten vermoeden, dat het geheim [25]met het overlijden der Geoctroijeerden is verloren gegaan. Wij stemmen het den Heer MEERMAN24 gereedelijk toe, dat men zich moet verwonderen, in het Octrooi te hooren gewagen van eene *inventie*, die men na zou kunnen maken, of elders gemaakt in het land invoeren van een werk, dat verbeurd zou kunnen worden verklaard enz., daar men uit het bovenvermeld verhaal van LEEGHWATER zou moeten opmaken, dat hij en zijne makkers zonder eenig toestel in het water sprongen.25 Een mijner vrienden vermoedt, dat het toestel van LEEGHWATER en zijne makkers eene *duikerklok* zou zijn geweest, welke zij bevorens heimelijk ter plaatse, waar zij hunne kunst zouden vertoonen, onder water bragten. Ik ben niet ongenegen dit zijn vermoeden te deelen, hoezeer mij echter het *heimelijk brengen van brieven* naar elders, alsdan nog niet duidelijk is.

Hoe dit zij, uit al het hiervoren gezegde kan men opmaken, dat LEEGHWATER een bekwaam waterbouwkundige was: dat hij tevens Landmeter, Molenmaker, Metselaar, Timmerman, Schrijnwerker, Horologiemaker, Waterduiker—ja wat niet al?—is geweest. Ik mogt hem dus met regt een' *duizend-kunstenaar* noemen.

Hij was daarenboven ervaren in de Fransche en Duitsche talen, en, naar de veelvuldige aanhalingen te oordeelen, ook niet geheel onbekend met de Latijnsche.

Veelvuldige reizen zijn door hem gedaan. Behalve al de zeven toenmalige *Vereenigde Provinciën*, bezocht hij *Braband*, *Vlaanderen*, *Henegouwen*, *Duitschland* en zoo als hij het noemt, *Oostland*, waartoe hij *Riga, Elzeneur, Elzenberg* enz. brengt. Ook reisde hij in *Westphalen, Lotharingen, Frankrijk* en *Engeland*. Achter [26]zijne *Kleine Kronijk* vindt men een breed register van de meeste door hem, tot zijnen vierenzeventigjarigen ouderdom, bezochte plaatsen.26

Maar dit is niet alles. Wij spraken van tijd tot tijd van zijne schriften; ook als schrijver heeft hij verdiensten. Het is waar, zijn stijl is hoogst eenvoudig, en »zijne werken dragen de kenmerken van geschreven te zijn door een' ongeletterd man, die door zijne eigene verdiensten uit eenen geringen stand opgekomen was. Maar zij getuigen," zoo als de Heer VAN LIJNDEN te regt zegt: »niettemin van 's mans kunde en bekwaamheid."27

Drie gedrukte werkjes worden van LEEGHWATER vermeld, en wel:

1°. *Korte beschrijving en klein Kronykje van Haarlem*; een boeksken, waarvan mij in Boekenlijsten twee uitgaven28 voorkwamen, doch hetwelk ik nimmer gezien heb.

2°. *Een kleyne Cronyke en voorbereiding van de afkomst* [27]*en het vergroten van de dorpen Graft en de Rijp, en van meer verscheiden notabele oude stukken en gebeurtenissen.*—»Het is," zoo als de Heer DE WIND naar waarheid zegt, »eene Kronijk van al wat hij hoorde, vernam en deed; alles voorgedragen in eenen eenvoudigen, maar zeer naïven stijl, zoodat dit boekje zich met het grootste genoegen lezen laat." Gezegde Heer DE WIND heeft, in zijne *Bijdrage* over LEEGHWATER, het een en ander uit dit werkje overgenomen. Ook van deze Kronijk bestaan verschillende uitgaven. Wij vonden melding gemaakt van eenen druk van den jare 1654; doch deze was waarschijnlijk niet de eerste, omdat op den titel, even als op dien der volgende drukken, vermeld staat: »en nu *op nieuws* hier by gedaen de beschrijving van den grooten brand, voorgevallen in de Rijp, op den 6[den] Febr. 1654."29 Waarschijnlijk bestaat er eene uitgave van den jare 1649. De door mij gebruikte is van den jare 1714 en die van den Heer DE WIND van 172730.

Doch het vermaardste zijner werken is:

3°. Zijn *Haarlemmer-Meerboek*, hetwelk een ontwerp tot bedijken en droogmaken van het *Haarlemmer-meer* bevat, door hem, naar het schijnt, aan de Staten van Holland, aan den Stadhouder FREDERIK HENDRIK, aan de Burgemeesteren en Raden van Amsterdam, Leiden, Haarlem en Gouda, en aan den Dijkgraaf en de Heemraden van Rhijnland, in den jare 1641, aangeboden. Of de eerste [28]druk van dit werk reeds in 1641 verscheen, is wel waarschijnlijk, doch niet zeker. Op den titel van dien eersten druk31 vindt men geene vermelding van het jaar der uitgave, maar op de laatste (de 35[ste]) bladzijde staat onder de letters J. A. L. W. het jaartal 1641.32 Zeker is het, dat reeds in 1642 de derde druk het licht zag,33 en de Heer VAN LIJNDEN spreekt (bl. 42) van eenen vierden, die in 1643 uitkwam.34

De Heer Mr. J. T. BODEL NYENHUIS noemt in de 3[de] lijst zijner *opgave van beschrijvingen der Gewesten, Steden en Plaatsen, in het Koningrijk der Nederlanden*, geplaatst in het VIII[e] Deel van het Tijdschrift *de Vriend des Vaderlands*, N°. 11, eenen vijfden druk (*Amst.*) van den jare 1654.

Het jaar waarin de 6[de] druk verscheen heb ik niet gevonden; doch de 7[de] zag in 1669,35 de 8[ste] in 171436 het licht.

In 1724 verscheen reeds weder eene nieuwe uitgave37; [29]welke in 1727 door eene tiende werd gevolgd38. De elfde verscheen negen jaren daarna in 1736,39 terwijl eindelijk eene twaalfde in 1749 het licht zag40.

Al de vermelde drukken zijn in quarto.

Toen LEEGHWATER zijn *Meerboek* schreef, was hij zes en zestig jaren oud: hoe lang hij hierna nog leefde is mij niet gebleken; maar in 1649 was hij nog in leven, blijkens de laatste bladzijde van zijne *kleine Kronijk*. Hij was echter reeds in den jare 1654 overleden, want op den titel der uitgave van dat jaar staat: *in* ZIJN LEVEN *Ingenieur en Molenmaker in de Rijp*41.

LEEGHWATER behoorde tot het Kerkgenootschap der *Doopsgezinden*, hetwelk destijds zeer talrijk in *de Rijp* en andere Noord-Hollandsche plaatsen was. Dat hij een Godvruchtig man was en 's menschen afhankelijkheid van den wil des Allerhoogsten diep gevoelde, bewijzen zijne schriften.

Meerdere bijzonderheden heb ik wegens onzen verdienstelijken [30]landgenoot niet kunnen vinden, de opgegevene zijn grootendeels uit zijne eigene schriften ontleend42.

Uit het *Haarlemmer-Meerboek*, N°. 24, blijkt, dat LEEGHWATER eenen zoon had, SIMON genaamd, dien hij *den oudsten* noemt; uit de *kleine Kronijk* leeren wij bl. 36, N°. 35, eenen tweeden, met name ADRIAEN, en bl. 30, N°. 7, eenen derden, JAN genaamd, kennen.

Nog heden bestaan er afstammelingen van den beroemden man, en wel:

1°. PIETER LEEGHWATER, wonende te *Koog*, geboren in 1786, die een zoon is van den in 1807 overledenen JAN CORNELISZ. LEEGHWATER en diens eerste vrouw ARIAANTJE HEERTJES.

2°. TRIJNTJE LEEGHWATER, geboren in 1797, eene dochter van voorn. JAN CORNELISZ. LEEGHWATER en diens 3de vrouw MAARTJE KUIK. Deze is gehuwd aan PIETER HAREMAKER te *Zaandijk*;43 en

3°. CORNELIS JANSZ. HONIG, zoon van den Heer JAN CORNELISZ. HONIG, te *Zaandijk*, en diens overledene echtgenoot, NEELTJE LEEGHWATER, welke was eene dochter van LOUWRENS LEEGHWATER en AALTJE OUWERIJK, en eene kleindochter van CORNELIS LOUWRENSZ. LEEGHWATER en TRIJNTJE PEPER.

Behalve deze leeft er te *Wormerveer*, in den ouderdom van 80 jaren, een JAN LOUWRENSZ. GROOT, wiens moeder mede LEEGHWATER genaamd was.

De éénige mannelijke afstammeling van LEEGHWATER, die dien naam voert, is, voor zoo verre ik heb kunnen nagaan, gemelde PIETER JANSZ. LEEGHWATER, daar deze [31]ongetrouwd is, staat het te vreezen, dat met hem het geslacht van LEEGHWATER zal uitsterven.

Bij de voornoemde afstammelingen van den beroemden man is zijne nagedachtenis nog in eere: behalve een exemplaar van het *Meerboek* en van de *kleine Kronijk*, zijn aan mij, namens den voornoemden Heer JAN C. HONIG, door bemiddeling van den Heer VAN GILSE, ter hand gesteld:

1°. Het origineele Octrooi van den jare 1605.

2°. De bovenvermelde, met de pen vervaardigde, eigenhandige teekening.

3°. Een koperen *Alidade* (liniaal met vizieren) van een werktuig om hoeken te meten, met het jaartal 1619, afkomstig van onzen LEEGHWATER.

4°. Een zilveren vergulden Penning, geslagen op de overwinningen van Prins FREDERIK HENDRIK, en die, volgens het verhaal van vader tot zoon, mede van onzen LEEGHWATER afkomstig is, als door hem óf ten geschenke ontvangen, óf gekocht ter gedachtenis van zijne verrigtingen voor 's Hertogenbosch.44

Behoef ik wel te doen opmerken, dat zoo vele herhaalde uitgaven van het *Haarlemmer-Meerboek* als ik opnoemde, *twaalf* in den tijd van iets minder dan eene eeuw, getuigen van de belangstelling, die het werk van LEEGHWATER verwekte? Nog is die belangstelling niet geweken. Zijn werk is nog altijd belangrijk voor ieder, die over de droogmaking van het Haarlemmer Meer wil spreken of schrijven. Nog steeds wordt zijn *Haarlemmer-Meerboek* gezócht, en de schaars voorkomende exemplaren worden op boekverkoopingen ruimschoots betaald. [32]

Het kwam mij alzoo niet ongepast voor, om eene *dertiende* uitgave van dit werk het licht te doen zien, vooral in deze dagen, waarin de belangstelling in het ontwerp der droogmaking van het *Haarlemmer Meer*, dat groote plan van LEEGHWATER, weder meer algemeen is. Het kan toch niet onwelgevallig zijn te weten, wat over dit onderwerp vóór nu twee eeuwen gezegd is, door eenen man, grijs geworden hij het droogmaken van zoo vele meren, wier bloei en welvaart thans het sieraad en den rijkdom van *Noord-Holland* uitmaken; door eenen man, die sprak uit eigene ondervinding, niet naar *theoriën*, dikwerf slechts fraai op het papier, maar minder geschikt om ten uitvoer te worden gebragt.

Ik heb bij deze uitgave gebruik gemaakt van den hierboven vermelden achtsten druk. Op verzoek van den uitgever, die zulks voor ons lezend publiek noodig oordeelde, heb ik hier en daar den stijl een weinig veranderd, doch mij hieraan slechts zeldzaam schuldig gemaakt. Ik wilde den eenvoudigen, naïven, ongekunstelden stijl van LEEGHWATER zoo min mogelijk bederven. De spelling heb ik naar de thans in gebruik zijnde gewijzigd.

Het Lofdicht van HEYNDRIK ALBERTSZ., dat voor het *Meerboek* gevonden wordt, heb ik weggelaten, omdat het geene kunstwaarde bezit. Om dezelfde reden heb ik de gedichten, die LEEGHWATER in en achter zijn werk gevoegd heeft, niet overgenomen, omdat zij wel van 's mans rijmlust, maar geenszins van zijne dichterlijke bekwaamheid getuigen. Enkele rijmpjes heb ik echter vermeend te mogen overnemen.

Het kaartje en de afbeelding van den Schrijver, welke ik bij deze uitgave heb gevoegd, worden in den eersten druk niet gevonden. Men zal ze, zoo ik mij niet vergis, hier met welgevallen aantreffen. De afbeelding is naar eene teekening van J. DE KEYSER en gegraveerd door [33]J. LAMSVELD; onder dezelve staan de volgende niet zeer dichterlijke regels van J. J. SCHIPPER45.

»Dit is LEEGWATERs Beeldt, Aenschouwers, siet vry toe,
Zyn geest, die altyt werckt en nimmer meer wort moê;
Aen 't geen zyn Vaderlandt tot welstant kan verstrecken,
Zich in syn Meerboek zal ten deel aen u ontdecken:
Wat d' ander rest belangt, die spreyt zich wyt en breet,
En vat, in zijn vernuft, wat yemand wist off weet."

Ook in den 2den en 3den druk van het Meerboek wordt de afbeelding van LEEGHWATER *niet* gevonden. Waarschijnlijk verscheen zij het eerst in den 4den of 5den druk. In den 7den vond ik haar, doch niet door LAMSVELD, maar door S. SAVRIJ gegraveerd. Daar deze in een' der hoeken het getal 43 heeft, vermoed ik, dat LEEGHWATER in 1643 door KEYSER is geteekend, toen hij 68 jaren oud was.

Na LEEGHWATER verschenen er verscheidene andere geschriften over het *Haarlemmer Meer*, welke ik kortelijk zal vermelden.

Bijna gelijktijdig met het werkje van LEEGHWATER, kwam er nog een ander plan tot droogmaking van het *Haarlemmer Meer* in het licht, opgesteld door JACOB BARTELSZ. VEERIS. Dit werk maakte echter minder opgang. »Volgens den Heer VAN LIJNDEN (*Verhand.* bl. 43), verschilde het plan van VEERIS in zoo verre van dat van LEEGHWATER, dat bij hetzelve bepaald was een voorboezem, met een' dijk over het eiland *Ruigoord*, op welken dijk 15 bovenmolens zouden gesteld worden."

De plannen van LEEGHWATER en VEERIS vonden al dadelijk tegenstand, vooral bij de Ingelanden van *Rhijnland*, welke vermeenden, dat, door het droogmaken van het Meer, de boezem van hun gewest te klein zou worden; [34]en reeds in 1642 gaf N. VAN HAEGH, onder den titel: *C. A. Colevelt's*46 *bedenckingen over het drooghmaken van de Haarlemmer en de Leydtsche Meer, Honderd Twee en Zeventig articulen* in het licht, welke hij, zoo als hij in het voorberigt zegt: *als een liefhebber van het Gemeenebest, had gecopieerd uit eenige Bedenkingen zamengesteld door Coleveld, handelende op het uit- en droogmaken van de Haarlemmer en Leidsche Meer, waarbij hij, naar zijn goeddunken, nog eenige punten had bijgevoegd, hetgeen hij hoopte dat de schrijver hem niet ten kwade zou duiden.* Uit dit voorberigt zou men dus opmaken, dat deze *bedenkingen* zonder voorkennis, immers zonder medewerking van COLEVELDT zijn uitgegeven. Hoe dit zij, de bedenkingen van COLEVELDT werden door LEEGHWATER in den 4^{den} en volgende drukken van zijn *Meerboek* bestreden.

Toen de tiende druk van het werk van LEEGHWATER in 1727 uitkwam, werd ook in dat jaar het tegenschrift van COLEVELDT herdrukt47. Deze herdruk gaf aanleiding, dat *C. Velsen*, Landmeter van Rhijnland, in dat zelfde jaar, onder den titel van *Aanmerkingen over de tegenwoordige staat van de Haarlemmer Meer*48, een werkje in het licht gaf, waarin hij het plan van LEEGHWATER tegen de bedenkingen van COLEVELDT verdedigde, op de noodzakelijkheid van het droogmaken van het Meer aandrong en de wijze aan de hand gaf, waarop dit zou kunnen geschieden, »in voege, dat de steden *Haarlem, Leiden* en *Amsterdam*, alsmede het *Hoogheemraadschap van Rhijnland,* van veel beter natuur," (het zijn 's mans woorden) »omtrent de waterstaat en scheepvaart zullen wezen, als tegenwoordig."

Dit werkje van VELSEN vond zoo veel belangstelling, [35]dat nog in hetzelfde jaar 1727 van hetzelve een tweede druk in het licht kwam49.

Hij oordeelde zoo ongunstig over de Bedenkingen van COLEVELDT, dat hij in de voorrede van zijn werkje zegt: »dat hij er niet anders in kon vinden, als een deel opgeraapte schimpredenen, op papier gebragt zonder order en met groote drift; dat het doorzaaid is met zoo vele belagchelijke stellingen, dat hij niet begrijpt, hoe het in den tijd van zijn geboorte, zoo veel geloof heeft kunnen verdienen, en dat men het nu heeft waardig geacht, om het weder het licht te doen zien."

Het werkje van VELSEN is zeer lezenswaardig.

Vijftien jaren hierna, in Julij 1742, overhandigden NICOLAS CRUQUIUS, en JAN NOPPEN, Toeziener en MELCHIOR BOLSTRA, Landmeter van Rhijnland, als hiertoe gelast, aan *Dijkgraaf* en *Hoogheemraden* van dat Collegie, een uitvoerig *plan wegens de bedijking der Haarlemmer Meer*; hetwelk te vinden is in de nieuwe Nederlandsche jaarboeken van April 1773, (bl. 385–405); en waarvan de hoofd-inhoud wordt medegedeeld in de *tegenwoordige staat van Holland*, (VIe deel der *Teg. Staat der Vereenigde Nederlanden*, bl. 186–196)50. [36]

Tegen dit plan opperde de stad *Leiden* bedenkingen, welke door de gemelde Toeziener en Landmeter, bij eene Memorie van het jaar 1745, werden wederlegd; zoo als gelezen kan worden in de voorm. jaarboeken van 1773, bl. 406–419.

Intusschen verscheen te Leiden, in het jaar 1743, een ander plan tot droogmaking van het Meer, van CONRADUS ZUMBACH DE KOESFELD, *Med. en Stads D^r., Lid van de Koninklijke Societeit van Wetenschappen te Berlijn*, hetwelk volgens den Heer VAN LIJNDEN51 dit bijzonders had, dat de schrijver, tot uitsparing der kosten, wilde beginnen met alleen de wateren, die in het meer uitkomen, af te dammen, en, eerst na de droogmaking, een' ringdijk, uit de klei van het Meer, daar te stellen52.

Maar behalve de opgenoemde53 werden er nog verschillende andere plannen tot droogmaking van het *Haarlemmer Meer* gevormd, welke door den druk niet zijn gemeen gemaakt. Zoo spreekt de Heer Baron VAN LIJNDEN, [37](*verh.* bl. 43), van een ongedrukt werkje, dat in 1659 of 1660 schijnt geschreven te zijn, waarin een plan voorkomt verschillend van die van LEEGHWATER en VEERIS, en maakt vervolgens (bl. 44 en 45) melding:

1°. Van een plan opgemaakt, ten gevolge van een verzoekschrift door Dijkgraaf en Hoogheemraden van Rhijnland, om te worden gemagtigd tot het maken van eene uitwatering te Katwijk en tot het bedijken van de *Haarlemmer* en *Leidsche Meren*, aan de Staten van Holland in 1750 ingediend.

2°. Van een plan door de Landmeters D. KLINKENBERG en B. GOUDRIAAN, bij eene Memorie aan gecommitteerde Raden van *Holland*, benevens aan den *Dijkgraaf* en *Hoogheemraden van Rhijnland*, den 31 Jan. 1769 ingeleverd54.

3°. Van een plan in den jare 1808, op last van den toenmaligen Minister van Binnenlandsche Zaken55, opgemaakt door den Inspecteur A. BLANKEN JANSZ.; hetwelk in de archiven van den waterstaat berust.

Geen tijdvak echter leverde zoo vele schriften over het droogmaken van genoemd Meer, als dat tusschen de jaren 1819 tot 1823.

In het eerst gezegde jaar, in 1819, gaf de Heer M^r. J. C. Baron [38]DU TOUR, ten gevolge van het bekend geworden plan der Heeren VAN LIJNDEN, ROËLL en REPELAAR, eene *verhandeling over het Haarlemmer Meer* in het licht56, welke eene historische beschrijving van de wording, vergrooting en gesteldheid van dat water, en eene uiteenzetting der plannen van LEEGHWATER, VEERIS en BOLSTRA bevat.

In het volgende jaar verscheen te *Zutphen* een werkje, onder den titel: *verhandeling over de droogmaking van het Haarlemmer Meer en aangelegen veenplassen, doormengd met landbouwkundige aanmerkingen*, door J. ENGELMAN, *Oud-Landmeter bij 's Lands Waterstaat*57, waarin de noodzakelijkheid en nuttigheid van het droogmaken van dien ontzettenden plas wordt betoogd, en een ontwerp tot droogmaken wordt opgegeven.

Doch al wat tot dus verre over het *Haarlemmer Meer* en over het droogmaken van dien plas was geschreven en uitgegeven, werd in uitgebreidheid en uitvoerigheid overtroffen door het belangrijke werk van den Heer F. G. Baron VAN LIJNDEN VAN HEMMEN, *Com-*

mandeur van de Orde van den Nederl. Leeuw, Lid van de Eerste Kamer der Staten Generaal, enz. enz. enz., onder den titel van *verhandeling over de droogmaking der Haarlemmer Meer*58.

Dit werk, hoe men ook over de uitvoerbaarheid en nuttigheid van het daarbij voorgesteld plan, en over de juistheid der daarbij gevoegde berekeningen, moge denken, zal steeds bij de behandeling van dit onderwerp onschatbaar blijven.

Alles is hier duidelijk, op eene hoogst, ook voor de in [39]het vak van den waterstaat oningewijden, bevattelijke wijze, en met kennis van zaken ter nedergesteld. Het is voorzien van onderscheidene hoogst nuttige staten en tafels; en bij het werk is gevoegd een atlas met vier kaarten en eene afzonderlijke plaat.

De 1ste kaart wijst den *voormaligen staat van Holland aan, met zijne Meren en Plassen, vóór die bedijkt waren*. Bijna de helft was toen water.

De 2de toont ons dat zelfde *Holland in 1820, met zijne drooggemaakte Meren en Plassen*. Welk een lagchend gezigt!

De 3de geeft ons, in 6 vakken, *de onderscheidene gedaanten en grootten van het Haarlemmer Meer: sedert 1531 tot 1808*. Welk eene schrikwekkende vertooning!

De 4de kaart stelt voor, hoedanig, volgens het plan des Heeren VAN LIJNDEN, na de droogmaking *het Meer met vaarten doorsneden en in kavels verdeeld zou kunnen worden*. Aangename voorstelling! Terwijl eindelijk op de plaat eenige werktuigen ter uitmaling zijn afgebeeld.

Dit werk des Barons VAN LIJNDEN gaf aanleiding tot het ontstaan van verschillende geschriften. Nog in hetzelfde jaar 1820 kwamen er vier stukken in het licht.

Al dadelijk verscheen een werkje, tot titel voerende: *Het ontwerp van droogmaking van het Haarlemmer Meer, beknopt, maar volledig voorgedragen in eenen brief van een' Heer te Utrecht aan zijnen vriend te Amsterdam*59. Het bevat eene naauwkeurige opgave van den zakelijken inhoud des werks van den Heer VAN LIJNDEN.

Kort hierop volgde een stukje, getiteld: *vrye gedachten van een ingeland van Rijnland over de Verhandeling van droogmaking der Haarlem-*

mer Meer, uitgegeven door den Heer F. G.BaronVAN LIJNDEN VAN HEMMEN60. [40]

Waartegen de Heer VAN LIJNDEN nog hetzelfde jaar uitgaf: *antwoord op de vrije gedachten van een ingeland van Rijnland*61.

Doch op het einde van dat jaar verscheen in het licht eene *Memorie van den Hoogleeraar JACOB DE GELDER, overgegeven aan het Hoogheemraadschap van Rijnland, behelzende deszelfs consideratie over het ontwerp van den Heer BaronVAN LIJNDEN TOT HEMMEN, strekkende ter droogmaking van het Haarlemmer Meer*62.

*Op welke Memorie de Baron VAN LIJNDEN, in den jare 1822, aanteekeningen in het licht gaf*63, ter wederlegging van de bedenkingen des Hoogleeraars.

Indien ik wèl onderrigt ben, heeft de Heer DE GELDER eene *tweede Memorie* ter perse gezonden; doch deze is, zoo verre mij bekend is, niet uitgegeven. Mij ten minste kwam zij nimmer in handen.

In den jare 1829 verscheen te Brussel64 een werkje van ALEX. DE STAPPERS, *Mémoire sur le desséchement du lac de Harlem, et sa conversion en forêt*. De schrijver zegt in het Voorberigt, dat hij in Mei 1829 aan het Gouvernement het voorstel heeft gedaan, om aan hem voor altijd het Meer en eenige nabijgelegene plassen af te staan, ten einde ze door eene Maatschappij, zamengesteld uit 12000 Aandelen, ieder van ƒ 500.—, droog te maken, en wel door middel der pompen, voor welke hij op den 9[den] dier maand een Octrooi van uitvinding gedurende 15 jaren heeft bekomen. Hij stelt voor, tusschen *Bennebroek*[41]en *Lis* een Kanaal naar de Noord-Zee te graven, om, in geval de sluizen van *Katwijk* en *Sparendam* niet voldoende mogten zijn, door hetzelve het water van het Meer en van Rhijnland te doen afloopen. Een groot gedeelte van het drooggemaakte Meer wil hij in bosch herscheppen, en geeft hoog op van de voordeelen, die de droogmaking zou opleveren. De politieke omstandigheden schijnen den Heer STAPPERS te hebben belet, verdere pogingen ter bereiking van zijn doel in het werk te stellen. Het werkje, schoon wat winderig, is niet onbelangrijk.

Eindelijk moeten wij nog melding maken van het onlangs uitgekomen werk van den Heer G. J. POOL, *Med., Chir. en Stads Doctor te Amsterdam*, onder den titel: *de droogmaking der Haarlemmer Meer, mits* *met de noodige voorzorgen in het werk gesteld, voor de gezondheid der naburige bewoners en arbeiders niet schadelijk*65. Moetende strekken ter bestrijding van het gevoelen van velen, dat de droogmaking van eenen zoo grooten plas, als het Haarlemmer Meer, tot heerschende ziekten in de omliggende plaatsen aanleiding zou kunnen geven. Welk gevoelen ook de Heeren VAN LIJNDEN en STAPPERS in hunne werken hebben bestreden.

Deze talrijke geschriften over het droogmaken van het Haarlemmer Meer en over de gevolgen, die zulk eene onderneming zou kunnen hebben, getuigen van het belang, hetwelk men te allen tijde in deze zaak heeft gesteld. Maar aan LEEGHWATER komt de eer toe, van, zoo ver men kan nagaan, het eerst een plan tot droogmaking wereldkundig te hebben gemaakt. Dit plan is door de meeste der volgende schrijvers, maar bijzonder door den Baron VAN LIJNDEN, ten hoogste geprezen, en zijn werk is, na al [42]wat er na zijnen tijd over dit onderwerp is geschreven en na al de vorderingen, welke men sedert dien tijd in bijna alle Wetenschappen, voornamelijk in de waterbouwkunde en aanverwante vakken, ook door het gebruik van stoom heeft gemaakt, nog altijd eene vraagbaak voor hem, die over het droogmaken van het Haarlemmer Meer wil schrijven of spreken.

Dit spreken en schrijven over het *Haarlemmer Meer*, en over het droogmaken van dezen plas, was en is nog aan de orde van den dag66, nadat Z. M. bij besluit van den 7^{den} Augustus 1837, N°. 5167, »in aanmerking nemende," (het zijn de woorden van het besluit zelf) »dat de ondervinding van den laatsten winter de noodzakelijkheid heeft doen geboren worden, om de droogmaking van het *Haarlemmer Meer* op nieuw in opzettelijke overweging te nemen," eene commissie, bestaande uit de Heeren: H. EWIJK, Raad-adviseur bij het Departement van Binnenlandsche zaken, *Voorzitter*, Jonk^r. W. BARNAART VAN BERGEN, Lid van de Gedeputeerde Staten van Noord-Holland, M. G. BEIJERINCK, Hoofd-Ingenieur van den Waterstaat in Zuid-Holland, C. J. DE BRUIJN KOPS, Burgemeester der stad Haarlem, Jonkheer L. R. GEVAERTS, Lid van de Gedeputeerde Staten van Zuid-Holland, P. T. GRINVIS, Hoofd-Ingenieur van den Waterstaat in Noord-Holland, Jonkheer D. HOOFT JACOBSZ., Lid van den Raad der stad Amsterdam, D. MENTZ, Inspecteur van den Waterstaat en P. A. DU PUI, Hoogheemraad van Rhijnland, had benoemd, ten einde de verschillende reeds bestaande ontwerpen van droogmaking van dat *Meer* te onderzoeken, vervolgens een bepaald eindontwerp en begrooting van kosten dezer [43]onderneming op te maken en van hare werkzaamheden uiterlijk op den eersten November 1837 aan Z. M. verslag aan te bieden.

Dit spreken en schrijven over het *Haarlemmer Meer* is niet verminderd, nadat in de Zitting van de Tweede Kamer der Staten Generaal van den 28sten Februarij j. l., met eene Koninklijke boodschap, een ontwerp van wet, *omtrent de uitgifte van losrenten op een gedeelte der schuld ten laste der overzeesche bezittingen tot het doen van voorschotten voor openbare werken*, was ingekomen, waarbij onder anderen eene som werd bestemd en aangewezen, tot het bedijken en droogmaken van het *Haarlemmer Meer, alzoo Z. M. in overweging had genomen*, (het zijn de woorden van het ontwerp) *dat het belang van den Staat vordert, om eerlang tot de bedijking en droogmaking van het* Haarlemmer Meer *over te gaan*68. [44]

Hoezeer die wet is afgestemd, kan het echter voor elk, die belang in deze zaak stelt, niet onwelgevallig zijn, al hetgeen omtrent dezelve is voorgevallen te kennen, en de gevoelens der volksvertegenwoordigers over dit belangrijk [45]onderwerp te vernemen. Meenig een' zal het, dunkt mij, welkom zijn, alles wat over deze zaak, ten gevolge van de voorgestelde Wet in de Tweede Kamer der Staten-Generaal, is verhandeld, voor zoo ver het openbaar is gemaakt, alhier bijeen verzameld aan te treffen.

Bij de voornoemde Wet was gevoegd eene *memorie ter toelichting*, welke ten opzigte van het punt der droogmaking van het *Haarlemmer Meer* aldus luidt69:

"Wat de droogmaking van het *Haarlemmer Meer* betreft, vermeent men, dat het wenschelijke en nuttige dezer onderneming geen breed betoog zal behoeven." [46]

»Het is algemeen bekend, hoe grootelijks deze waterplas gedurende de laatste eeuwen zich heeft uitgebreid, en hoe vele vruchtbare gronden daardoor zijn verslonden geworden. Met opoffering van zware kosten heeft men daaraan dan wel eenigermate paal en perk gesteld; doch nog jaarlijks moeten aanzienlijke sommen worden aangewend, om het verder inbreken voor te komen, en in weerwil daarvan heeft de ondervinding nog onlangs geleerd, hoe groote verwoestingen door het geweld van dezen plas kunnen worden, aangerigt, welke eenmaal zoodanig kunnen worden, dat de rampen niet dan met enorme kosten zouden kunnen worden hersteld, of zelfs onherstelbaar zouden worden."

»Daarbij nu komt, dat in het midden des lands eene onvruchtbare waterplas of liever binnenlandsche zee van omtrent 18,000 bunders lands gevonden wordt, die voor den landbouw, de industrie en de bevolking verloren is, en die, wanneer zij eenmaal mogt zijn drooggemaakt, en in vruchtdragenden grond herschapen, ook door deszelfs gunstige gelegenheid nieuwe bronnen van welvaart openen kan, en in de gevolgen voor het algemeen of het Rijk aanzienlijke voordeelen moet opleveren, door het verschaffen van arbeid en middelen van bestaan aan duizende handen en nijvere menschen, en het daardoor in evenredigheid vermeerderen van 's Rijks inkomsten; in één woord, door het toenemen van den publieken rijkdom, hetwelk van het een en ander het natuurlijk gevolg moet zijn."

»De ondervinding en het besef van het een en ander moest natuurlijk leiden tot het denkbeeld, om door het droogmaken van dezen waterplas het eene voor te komen en het andere te bewerken; en in der daad zijn daartoe in vroegere en in latere tijden ontwerpen te berde gebragt en beraamd, waarvan de uitvoering echter steeds is achterwege gebleven, hetzij dat tijden en omstandigheden [47]daartoe hebben medegewerkt, hetzij dat zich daartegen bedenkingen opdeden, voornamelijk ontleend uit den physieken toestand van het Hoogheemraadschap van Rhijnland, die niet altijd gereedelijk waren uit den weg te ruimen."

»De omstandigheden, waarin dit distrikt ten aanzien van deszelfs uitwatering verkeert, zijn echter in de latere tijden zóódanig veranderd, en de middelen, die men thans kan aanwenden, om alle bedenking daaromtrent weg te nemen, zóó gereed, dat men alsnu tot de onderneming der droogmaking veilig zal kunnen overgaan."

»De opzettelijke en naauwkeurige overweging, die ten aanzien hiervan is ingesteld, heeft dit ontegenzeggelijk doen zien, en dienvolgende is dan ook het ontwerp beraamd, welks uitvoering thans gereed is om te kunnen worden ondernomen, om weldra de heilrijke vruchten te dragen, die daaruit moeten voortvloeijen."

»Eene onderneming van dezen aard, mitsgaders al de voorzorgen, die daarbij moeten worden in acht genomen, kunnen niet anders dan aanzienlijke kosten vereischen, zijnde de geheele som, hiertoe noodig, berekend op ruim *acht millioenen gulden*, welke som nogtans natuurlijk niet op éénmaal zal worden vereischt, maar successivelijk zal moeten besteed worden, en voor een goed gedeelte slechts als voorschot kan worden beschouwd en zal worden gerecouvreerd uit den verkoop der drooggemaakte gronden en de verdere voordeelen, die de onderneming gedurende de bewerking zal opleveren; terwijl, al mogt uit het een en ander de geheele uitgeschoten som niet kunnen worden teruggevonden, het ontbrekende als uitnemend wel besteed geld zal moeten worden aangemerkt, en door de vermeerdering van de algemeene welvaart en rijkdom rijkelijk zal worden vergoed."

»Behalve enz."

Met betrekking tot dit onderwerp van wet, werden aan [48]de Kamer *drie* verzoekschriften ingediend, waarvan één in de vergadering van 7 Maart ingekomen, als niet voldoende aan de vereischten van de grondwet, ter zijde werd gesteld. Het tweede was van Jonkheer N. J. STEENGRACHT VAN DUIVENVOORDE; waarop door de commissie van de verzoekschriften, in de zitting van den 23sten Maart, bij monde van den Heer VAN WELDEREN RENGERS, werd uitgebragt het navolgend verslag:

»In handen van Uwe Commissie is gesteld een verzoekschrift van jonkheer N. J. STEENGRACHT VAN DUIVENVOORDE, landeigenaar onder Rijnland. Verzoeker geeft te kennen, dat aan de Staten-Generaal een ontwerp van leening van 30 millioen is aangeboden, om daaruit, onder andere werken van openbaar nut, ook de Haarlemmer Meer droog te maken; dat de landeigenaars onder Rijnland, vertegenwoordigd door hunnen dijkgraaf, hoogheemraden en hoofdingelanden, over dit belangrijk onderwerp niet zijn gehoord geworden; dat deze echter een verkregen regt vermeenen te hebben op de Haarlemmer Meer, als boezem voor hunne landen."

»Hij beweert, dat het voor al de landen ten zuiden van den Rijn gelegen, die door eenen dijk van den algemeenen boezem zijn afgescheiden en uit hoofde van derzelver lagere verkaaijingen aan een maalpeil zijn onderworpen, van het hoogste belang is, dat de voorgestelde maatregelen van droogmaking alle die waarborgen opleveren, welke ten voordeele van dezelve worden verlangd. Requestrant vermeent, dat uit het gemaakte plan van droogmaking blijkt, dat de boezem twee derden in zijnen omvang zal worden verkleind; dat daardoor de berging voor het water, hetwelk door de molens op den Haarlemmer Meer-boezem thans wordt uitgemalen, even zoo veel beperkter wordt. Hij betoogt, dat het gevolg hiervan zal worden, dat de landen zoo voor de kultuur van granen, [49]als voor het weiden van beesten, onbruikbaar zullen worden, en meer dan tachtig duizend bunders zullen verloren gaan. Hij beweert, dat dit eene van de voorname redenen is, om welke men in vroegere tijden nimmer heeft durven overgaan tot het droogmaken van de Haarlemmer Meer. Hij geeft verder te kennen, dat het groot nadeel, hetwelk de landeigenaren bij eene eventuëele droogmaking van die meer zouden lijden, door het gemis van eenen genoegzamen boezem tot berging van het uitgemalen water, en door het even groot verlies van ontlasting van dat water op het IJ, konde worden voorgekomen, wanneer gebruik werd gemaakt van genoegzame stoomwerktuigen, om den winterboezem te houden op 14, 15 à 16 duimen beneden A. P., op welke hoogte die boezem altijd wordt gehouden en tot de cultuur der landen moet worden gehouden. Hij vraagt al verder, door wien het daarstellen en het onderhoud van zoo vele benoodigde werktuigen zouden moeten worden bekostigd, en vermeent, dat die kosten alleen ten laste van dezulken, door wie de Haarlemmer Meer zoude worden drooggemaakt, behooren gebragt te worden, en niet ten laste van Rijnlands eigenaren zoude kunnen komen, hetwelk uit de stelling van den requestrant schijnt te zijn eene der voornaamste grieven, waarom het request wordt aangeboden. Adressant eindigt met het verzoek, dat het U Ed. Mogenden behage, de belangen van Rijnlands landeigenaren ten deze in vaderlijke overweging te willen nemen en te zorgen, dat de Haarlemmermeer niet worde drooggemaakt, dan nadat de daartegen militerende grieven der landeigenaren onder Rijnland zullen zijn opgeheven en geheel weggenomen; dat zij in hunne belangen mogen worden gehoord en als eigenaren van de Meer, als boezem van geheel Rijnland beschouwd, voor de uitwatering der landen, in dat hun regt mogen worden gemaintineerd." [50]

»Uwe Commissie is van advies, dat dit verzoekschrift, als betrekking hebbende tot eene wet bij deze Vergadering aanhangig, ter inzage van de leden, behoort te worden nedergelegd ter griffie."70

Het derde verzoekschrift was van den Heer G. J. A. A. Baron VAN PALLANDT, waarop door de voornoemde Commissie mede bij monde van den Heer RENGERS, in de zitting van den 26[sten], werd gedaan het volgend verslag:

»In handen van Uwe Commissie is gesteld een verzoekschrift van G. J. A. A. VAN PALLANDT."

»Verzoeker geeft te kennen, dat hij, doordrongen van en vervuld met het gewigt eener zaak van zoo veel belang als de droogmaking van de Haarlemmer Meer, en geheel ingenomen met dit grootsche plan, zich tot U Ed. Mogenden wendt, om, als een der belanghebbende grondeigenaren, onmiddellijk aan dien thans zoo gevreesden waterplas grenzende, zijne bedenkingen tegen de wijze waarop en de middelen waardoor die droogmaking waarschijnlijk zal plaats hebben, met allen eerbied aan deze vergadering bloot te leggen, in de hoop, dat U Ed. Mogenden hem mogen gerust stellen, door betere inlichtingen, of de bezwaren opheffen en keeren, of door andere meer doelmatige hulpbronnen doen vervangen."

»Hij geeft in de eerste plaats te kennen, dat, hoezeer de droogmaking van de Haarlemmer Meer, bij welgelukken, als een zegen mag worden beschouwd, echter *proefnemingen*, bij gelegenheid van die verbazende en kostbare onderneming, al de in- en aangelanden in eene groote ramp zouden storten. — Hij vermeldt, dat het hem uit het rapport der commissie van de droogmaking der Haarlemmer Meer, ingesteld bij Koninklijk besluit van 7 Aug. 1837, N°. 51, is kenbaar geworden, dat men de kanalen [51]van Sparendam en Katwijk verbeteren en *sluizen* wil *bijbouwen*, en, bij ONVOLDOENDE BEVINDINGEN, een stoomwerktuig van 180 paardenkracht te Sparendam wil plaatsen. — Hij geeft te kennen, dat men dus, in plaats van met wiskundige zekerheid een werk van dien omvang en van zoo groot gewigt te beginnen en te voltooijen, *eene proeve* wil nemen, of, nadat de genoemde Meer zal zijn bedijkt, de kleinere boezems de massa's water, die thans op den grooten boezem worden uitgemalen, zullen kunnen verzwelgen. — Hij merkt aan, dat men eerst dán, wanneer de molens zullen moeten stilstaan en de heerlijke en vruchtbare landerijen geheel of ten deele met water zullen zijn overdekt, waardoor het bestaan van den landman, althans voor een gedeelte van het jaar, zal zijn weggenomen, een stoomwerktuig zoude willen plaatsen."

»Adressant beschouwt zoodanige proefneming strijdig met het regt van den grondeigenaar, die daaraan have en goed ziet prijs gegeven. — Hij zegt, dat de ondervinding hem heeft geleerd, dat in het voor- en najaar, wanneer er eenige dagen stilte is geweest, de groote meerboezem met eene stevige koelte in één' dag een' Rijnlandschen duim en soms hooger wordt opgemalen; dat in het najaar, bij aanhoudende westewinden, dikwijls in verscheidene weken, door den hoogen stand der zee, noch te Katwijk, noch te Sparendam of elders kan worden gestroomd, dat dan de Haarlemmer Meer, door aanhoudend malen, zoo hoog wordt opgezet, dat de onbedijkte landen en ook die in zomerkaden zijn gelegen, overstroomd worden, of dat bij storm de polders, door het woedend opzetten van het water, onderloopen; — hij vraagt, wat dan zoo vele sluizen kunnen helpen, en vermeent, dat dezelve zonder nut zullen dáár zijn, omdat wanneer de Haarlemmer Meer nu in weinige weken zoo hoog kan worden opgezet, alsdan de kleinere boezem in weinige dagen boven peil zal moeten zijn." [52]

»Requestrant geeft in de tweede plaats te kennen, dat hij zich niet zal vermeten eenige berekening te maken of het stoomwerktuig te Sparendam voldoende zal bevonden worden, alsmede of de kanalen, op zoodanige uitgestrekte ruimte, al het water, dat in zijne streken en ook achter Leijden en in dien omtrek wordt opgemalen, zullen kunnen bergen, en spoedig genoeg naar hunne uitwatering te Sparendam en elders afleiden? — Hij vermeent evenwel, dat het doelmatiger zoude zijn, wanneer dadelijk bij den aanvang van het werk, zoo te Sparendam als ook te Katwijk, een stoomwerktuig wierd opgerigt, dat dan de Spieringermeer niet tot vóórboezem zoude behoeven te worden gehouden. — Hij gelooft tevens, dat het voorzigtiger zoude zijn, *den duiker*, die hen, bij gebrek aan water, uit den IJssel daarvan zoude voorzien, *dadelijk daar te stellen*; en vraagt, voor wiens rekening, wanneer eens de meer droog zal zijn, en daarna het nut van zoodanigen duiker wordt ingezien, dit nawerk zal komen, alsmede het onderhoud der stoomwerktuigen? — Hij beweert, dat de aangrenzende landbezitters met billijkheid een' genoegzamen waarborg mogen vragen, en schadeloos behooren gesteld te worden, even als bij eene onteigening hunner gronden, — dat de meer hun eigendom is, en dat de bedijking van dezelve met eene onteigening gelijk staat. — Hij geeft te kennen dat hun regt op de Haarlemmer Meer van uitmaling en boezem sedert eeuwen onbetwistbaar is gebleven, — dat zij sinds onheugelijke jaren in Rhijnland tot onderhoud der kostbare Meerwerken betalen, alleen om in die Meer altoos het overbodige water vrij en onverhinderd te mogen uitmalen, — dat zij nooit op eenig peil zijn gezet, — dat zij hunne landerijen met die voorregten hebben gekocht, en dat de directie van Rhijnland altijd met de meeste en onvermoeide zorgen voor de uitwatering heeft gezorgd. — Hij vermeent verder, dat de voornaamste grondeigenaren in Rhijnland, immers eene commissie uit hun midden, mogt worden gehoord, ten einde zoodanige maatregelen te beramen, als waardoor elke vrees voor onzekere uitkomst wierd weggenomen en hunne duurgekochte landerijen tegen groote onheilen wierden verzekerd."

»Adressant geeft eindelijk te kennen, dat de geopperde bedenkingen en zwarigheden hem gewigtig genoeg zijn voorgekomen, om dezelve aan U Edel Mogenden met allen eerbied, in het belang van het algemeen, maar vooral ook voor hen, die in Rhijnland hun land en bestaan vinden, kenbaar te maken, in de hoop en het vaste vertrouwen, dat dezelven in uwe vergadering zullen worden overwogen en velen met hem mogen worden gerust gesteld, door meer voldoende maatregelen op vaste gronden, *zonder* PROEFNEMINGEN."

»Uwe commissie is van advies, dat dit verzoekschrift, als betrekking hebbende tot eene wet bij deze vergadering aanhangig, ter inzage van de leden, behoort te worden nedergelegd ter griffie71."

Beide verzoekschriften werden ter griffie nedergelegd en de verslagen gedrukt en rondgedeeld.

Inmiddels werd het Ontwerp der Wet in de onderscheidene Afdeelingen der Kamer behandeld; uit de Proces-Verbalen der beraadslagingen bleek onder and., dat de Afdeelingen, alvorens zich met de zaak bezig te houden, eenparig verlangd hebben, dat, aangezien het tegenwoordig Voorstel drie onderwerpen bevat, welke met elkander niets gemeens hebben, hetzelve in drie Ontwerpen van Wet mogt worden gesplitst, waarvan het eerste zou handelen over den IJzeren Spoorweg, het tweede over het bedijken en droogmaken van het Haarlemmer Meer, en het derde over [54]het aanleggen en verbeteren van andere werken van algemeen nut, enz.

»Nopens het droogmaken van het Haarlemmer Meer, heeft men de vraag geopperd, of daartoe nu werkelijk noodzakelijkheid bestond; welke de waarschijnlijke gevolgen zouden zijn, indien hiertoe niet spoedig werd overgegaan, en of er ook andere middelen aanwezig zijn, om die bezwaren uit den weg te ruimen? Voorts heeft men verlangd te weten, hoe veel kosten er, gemiddeld, in de laatste 10 jaren zijn aangewend, om de uitbreiding van het Haarlemmer Meer tegen te gaan; door wie de kosten zijn gedragen, en op welke wijze het Rijk vergoeding zal bekomen voor de ontlasting, welke uit eene bedijking en droogmaking zal voortvloeijen? Welke bezwaren, uit den physieken toestand van het Hoogheemraadschap Rijnland ontleend, het droogmaken tot nog toe in den weg stonden, en op welke wijze die uit den weg zijn geruimd. Hoe veel bunders men hierdoor voor cultuur denkt te verkrijgen, en of deze dadelijk, dan wel eerst na verloop van vele jaren, vruchtdragend kunnen zijn? Welke de voordeelen zijn, die, volgens de memorie, gedurende de bewerking door de onderneming zullen worden opgeleverd? Of het drooggemaakte Meer eventueel bij Rijnland zal worden gevoegd, en of er behoorlijk zal worden zorg gedragen voor het voortdurend onderhoud van de dijken, opdat dit niet ten laste van het Rijk moge komen?"

»Intusschen vermeenden onderscheidene leden reeds nu in het midden te moeten brengen, dat zij het droogmaken van het Haarlemmer Meer in vele opzigten als zeer nuttig beschouwen, niet alleen ter bevordering van de gezondheid der in de nabijheid wonende ingezetenen, als ten behoeve van Rijnland en van de Hoofdstad, en tot voorkoming van overstroomingen en uitbreiding van dit Meer. Eenige leden waren van gevoelen, dat, aangezien [55]die droogmaking eigenlijk strekte ten nutte van Holland, de onderneming ook moest komen ten laste van de provinciale kas van Holland, en niet tot die van het Rijk, daar de Regering b. v. verklaard had, dat ten aanzien van de verbetering van rivieren, waarmede het belang en de welvaart van vier Provinciën in het naauwste verband staat, en de conservatie van de zeeweringen in Groningen en Vriesland de Rijksfinanciën niet toelieten, daartoe bij te dragen, terwijl overigens de ondervinding b. v. bij den Zuidplas geleerd had, dat de kosten bij de droogmakingen de ramingen verre overtroffen enz."72.

De antwoorden der Regering betreffende dit onderwerp waren van den volgenden inhoud:

»1°. Het zoude, naar het inzien der Regering, overbodig zijn, om de nuttigheid en noodzakelijkheid van de onderworpen droogmaking in het breede te betoogen."

»Men moet zich aan den eenen kant voorstellen een' uitgestrekten waterplas van duizenden bunders, die voor de publieke welvaart niet alleen geene de minste vruchten oplevert, en voor de som des algemeenen rijkdoms verloren is, maar die bovendien, in weêrwil van de aanzienlijke kosten, die, ter verhoeding van rampen, moeten worden aangewend, de verwoesting steeds verder dreigt uit te strekken, zoodat de vrees geenszins ongegrond is, dat hij zich eenmaal tot voor de poorten der hoofdstad zal uitbreiden, onherstelbare rampen zal veroorzaken, en in eenen staat kan geraken, die de droogmaking, waartoe men eenmaal zal moeten besluiten, meer en meer moeijelijk en kostbaar maken zoude."

»Men stelle zich aan den anderen kant voor, dezen uitgestrekten en dreigenden waterplas in vruchtbare velden herschapen, door nijvere bewoners bevolkt, rijke [56]producten opleverende, en door die producten den algemeenen rijkdom toegenomen, en den Staat in zijne inkomsten in velerlei opzigten aanmerkelijk bevoordeeld."

»De keus kan dan zeker niet twijfelachtig zijn, al ware het, dat er eenige opoffering daarvoor moest plaats hebben."

»Het heeft in vorige tijden niet aan ontwerpen, noch aan het voornemen ontbroken, om tot deze droogmakerij over te gaan; doch er waren daarmede zwarigheden verbonden, die niet gereedelijk konden worden uit den weg geruimd.

»Gelukkiglijk is dit thans het geval niet meer, en de Regering vermeent, dat, zoo ooit, dan thans, het oogenblik geboren is, dat tot deze zoo weldadige en verlangende onderneming, zonder bedenking zal kunnen worden overgegaan."

»2°. Eene onderneming van dezen aard zou echter geenszins aan eene Provincie kunnen worden opgedragen; zij is daarvoor volstrekt niet vatbaar, en dit te minder: vermits de voordeelen, die er uit moeten voortspruiten, niet uitsluitend zouden zijn voordeelen voor eene enkele Provincie, maar wel degelijk voor den geheelen Staat."

»De Regering heeft er zich steeds voor verklaard, om de algemeene verbetering der rivieren, als eene zaak van algemeen belang, voor hare rekening te nemen; alles wat daaromtrent geschiedt wordt uit 's Rijks kas bekostigd, en ook thans is men nog onledig met de overwegingen omtrent eene uitgestrekte verbetering der rivieren: met zulke groote ondernemingen laat zich het onderhavig plan het naast vergelijken; terwijl, wat de conservatie der zeeweringen betreft, dit eene zaak is van eenen anderen aard; want, over het algemeen, is het onderhoud van alle rivier- en zeedijken ten laste van de belanghebbenden, en alleen dan, wanneer de kosten van dit onderhoud hun vermogen te boven gaan, kan het Rijk met eenen bepaalden onderstand tusschen beiden komen." [57]

»3°. Het kan niet gezegd worden, dat de kosten van uitvoering van waterstaats-werken in den regel de ramingen overtreffen. Bij verre de meeste werken is dit het geval niet, en ook is dit tot nog toe bij de droogmaking van den Zuidplas geenszins gebleken."

»Men meent dan ook, met genoegzamen grond, als zeker te kunnen stellen, dat de droogmaking van het Haarlemmer Meer voor de geraamde som zal kunnen worden bewerkstelligd. Het zou overbodig zijn, omtrent alle berekeningen deswege in de bijzonderheden te treden, daar deze gegrond zijn op veelal kunstmatige onderzoekingen, en onderworpen zijn geweest aan eene kommissie, uit de voornaamste belanghebbenden en deskundigen zamengesteld."

»4°. Het kan niet wel met volkomen waarschijnlijkheid worden voorzien, welke de opbrengst zal zijn van den verkoop der droog te maken landen, vermits zulks van zeer vele omstandigheden kan afhangen, die vooraf moeijelijk te berekenen zijn."

»Daar evenwel de waarschijnlijkheid bestaat, dat de gronden zeer goed voor weilanden en de veeteelt zullen geschikt zijn, en de situatie ook daartoe alle aanleiding geeft, zoo mag men met eenigen grond eenen redelijken prijs voor den eventuelen verkoop der landen verwachten; terwijl in allen geval de aanzienlijke voordeelen, die het Rijk door de onderneming niet ontgaan kunnen, nog eene rijke vergoeding zouden opleveren, indien de opbrengsten der gronden zelve beneden de bestede kosten blijven mogten."

»5°. De kosten om de oevers van het Haarlemmer Meer volledig te beveiligen, zijn zeer groot, en gaan verre het vermogen der onmiddellijk belanghebbenden te boven."

»De geheele oostelijke oever moet thans door eene steenen glooijing voor verdere inbraak worden beschermd. [58]De som van omtrent ƒ 30,000 wordt daartoe jaarlijks door het Hoogheemraadschap van Rijnland aangewend, zonder dat men zeggen kan, dat hiermede alle gevaar kan worden voorgekomen."

»6°. Onder de droogmaking zal worden begrepen het geheele eigenlijke *Haarlemmer-Meer*, benevens het *Leidsche-* en *Kager Meer*, met uitzondering echter van het *Spiering-Meer*, hetwelk men algemeen gemeend heeft niet in de droogmaking te moeten begrijpen, zoo om den boezem van Rijnland niet te veel te verkleinen, als om voor de uitlozing eenen gereeden toegang naar de sluizen te behouden."

»De uitgestrektheid der droog te maken gronden zal dien ten gevolge een aantal van omtrent 16,700 bunders lands bedragen, die dadelijk als vruchtdragend moeten worden beschouwd."

»7°. De Regering vermeent, dat zij niet zal behoeven te verzekeren, dat alle bijzondere belangen en verkregene regten op de volledigste wijze zullen worden onder het oog gehouden. Zij is zoo zeer overtuigd, dat zulks behoort te geschieden, dat daaromtrent reeds overwegingen hebben plaats gehad, en zij acht het een harer voornaamste pligten te zijn, om hiervoor in alle gevallen te waken."

»8°. De onderneming moet geacht worden zeer uitvoerlijk te zijn, en, in vergelijking met andere uitgevoerde droogmakingen, zelfs geene bijzondere zwarigheden op te leveren. Het spreekt van zelf, dat de waterplas geheel moet worden bedijkt, terwijl de uitmaling, hetzij door windmolens, vereenigd met de kracht des stooms, hetzij door stoomwerktuigen alleen (waaromtrent nog overwegingen plaats hebben), zal moeten geschieden; de juiste tijd, binnen welken de uitvoering zal kunnen worden tot stand gebragt, kan intusschen niet worden bepaald, aangezien dit van vele meer of min gunstige of ongunstige omstandigheden [59]afhangt, en zijnde de keuze, ten aanzien van het in meerdere of mindere mate aanwenden van stoomwerktuigen, tot uitvoering en het duurzaam drooghouden van het Meer, daaromtrent van een' grooten invloed."

»9°. Hierboven is reeds vermeld, welke sommen jaarlijks door het Hoogheemraadschap van Rijnland, ter beveiliging der oevers, moeten worden aangewend. Daarvan zal dit district bevrijd worden; doch dit is niet het éénige voordeel, dat hetzelve door de droogmaking bekomt; het aantal van 16,700 bunders zal, in zoodanige evenredigheid als billijk zal worden bevonden, althans voor de uitlozing van deszelfs water, moeten bijdragen, zoo dat dit district het uitzigt verkrijgt, dat in het vervolg deszelfs lasten aanmerkelijk zullen worden verligt."

»10°. De belangen van het gemelde Hoogheemraadschap hebben vroeger de uitvoering dezer onderneming in den weg gestaan, vermits men vermeende, dat deszelfs uitlozing daardoor zoude worden belemmerd."

»Men heeft daarin nu echter, door deze gemaakte ontwerpen, op de meest voldoende wijze kunnen voorzien, zoo door een' overblijvenden ruimen boezem, als de stichting van meerder uitlozende sluizen, de volledige verbetering van het Katwijksche Kanaal, en het aanwenden der stoomkracht, om, ingeval van nog bestaande noodzakelijkheid, den boezem onmiddellijk naar vereisch te ontlasten."

»11°. De voordeelen gedurende de bewerking, bestaan in de verhuring der dijken, de verpachting der visscherij, die der van tijd tot tijd droogkomende landen, en eenige opbrengsten van dien aard."

»12°. De uitlozing van den toekomstigen polder zal op den boezem van Rijnland plaats hebben; doch de vraag, of deze polder ook onmiddellijk tot dat Hoogheemraadschap behooren, en, even als alle andere polders, een gedeelte daarvan zal uitmaken, zal later, overeenkomstig [60]de bepalingen van de grondwet en de bestaande wettelijke verordeningen, kunnen worden uitgemaakt."

»13°. De dijken van het droog te maken Haarlemmer Meer komen natuurlijk ten laste van den eventuëelen polder, en moeten door denzelven onderhouden worden, even als zulks in alle andere gevallen plaats heeft, en er is geene de minste reden, om te vermoeden, dat dit niet naar behooren zoude geschieden, daar het bestaan der droog te maken landen hiervan afhankelijk is, en overigens daaromtrent ook een zorgvuldig toezigt plaats heeft73."

Nadat deze antwoorden wederom in de Afdeelingen van de Tweede Kamer waren onderzocht, en, in de vergadering van 31 Maart, de Centrale Afdeeling een nader Verslag had uitgebragt74, werd in de Zitting van den 2^{den} April over de voorgestelde Wet beraadslaagd. *Acht en Veertig Leden*75 waren tegenwoordig, waarvan vijftien over de wet het woord hebben gevoerd. [61]

De eerste spreker was de Heer VAN SWINDEREN, welke zeide: 76

»Is ten allen tijde in ons vaderland het groot belang, hetwelk de ingezetenen hebben in den waterstaat, in vaarten en wegen, levendig gevoeld; zijn in het bijzonder de menigvuldige bedijkingen, en de in de laatste jaren aanmerkelijk vermeerderde en verbeterde vervoermiddelen daarvan sprekende bewijzen; het heeft ons dan ook niet kunnen bevreemden, dat de Regering hare aandacht gevestigd heeft, zoo wel op het droogmaken en in eenen vruchtbaren grond herscheppen van eenen grooten, van tijd tot tijd in uitgebreidheid toenemenden, en daardoor dreigenden waterplas, als op het meer snel en minder kostbaar vervoer van personen en goederen over ijzerbanen, die reeds in andere landen in gebruik zijn gesteld. In tegendeel, wanneer wij ons met de Regering dien uitgestrekten en dreigenden waterplas voorstellen als in vruchtbare velden herschapen, door nijvere bewoners bevolkt, rijke producten opleverende, en hierdoor den algemeenen rijkdom vermeerderende, en den Staat in zijne inkomsten in velerlei opzigten aanmerkelijk [62]bevoordeelende, — wanneer wij tevens het hooge belang gevoelen van den buitenlandschen handel, en denzelven wenschen te behoeden voor een gevaar, hetwelk geenszins hersenschimmig wordt genoemd, — dan kunnen de ontwerpen van wet tot zulke gewigtige oogmerken strekkende, ons niet dan welkom zijn, en de zorg, met welke het thans in openbare beraadslaging zijnde ontwerp in alle de afdeelingen is overwogen, levert een ondubbelzinnig bewijs op, dat het gewigt van hetzelve levendig door U Ed. Mogenden wordt gevoeld."

»Geen wonder dus, dat de inlichtingen, welke ons ter dezer zake door de Regering zijn gegeven, vooral ook de op ons aanzoek ons ter inzage verleende memoriën en berekeningen van die kundige en vaderlandslievende mannen, welke over deze onderwerpen zijn geraadpleegd, en welke hunne gevoelens en inzigten zoo uitgewerkt aan de Regering hebben medegedeeld, door ons met de meeste belangstelling zijn ontvangen geworden."

»Ik wenschte dan ook, Ed. Mog. Heeren! dat het ontwerp van wet mijne geheele toestemming mogt kunnen erlangen, en dat ik niet in den tijd en de wijze waarop, zoowel als in de middelen door welke, de uitvoering van de in dat ontwerp, alsmede in de toelichtende memorie en in de beantwoording der ingebragte bedenkingen, omschrevene werken zal plaats hebben, zoo vele bezwaren vond, dat ik daardoor van die toestemming, immers voor alsnog, wierd weêrhouden."

»Daar echter die bezwaren reeds in de processen-verbaal van de beraadslagingen der afdeelingen zijn te berde gebragt, zoude ik vreezen de aandacht van U Ed. Mogenden te misbruiken, indien ik thans in eene breede ontwikkeling van alle dezelven wilde treden, en ik zal daarom trachten deze bezwaren, zoo verre die in het verhaal der vierde afdeeling voorkomen, doch naar mijne meening [63]door de antwoorden der Regering niet zijn opgelost of genoegzaam toegelicht, zoo kort mogelijk voor te dragen."

»En dan vallen in de eerste plaats in het oog drie *algemeene* bedenkingen, welke in de genoemde afdeeling zijn vooruitgezet, en die ik daarom thans slechts zal opnoemen, namelijk 1°. dat de tijd nog niet gekomen is, om zulke groote en kostbare ondernemingen, als zijn die van het bedijken en droogmaken van het Haarlemmer Meer, en van het daarstellen van ijzerbanen, voor rekening van het Rijk tot stand te brengen, maar dat werken van dien aard, voor zoo veel dezelven niet door particuliere personen of maatschappijen onder toevoorzigt der Regering kunnen worden daargesteld, en niet door den drang van omstandigheden gebiedend worden geeischt, dan eerst behooren in overweging te worden genomen, als de Belgische zaak geschikt, de oorlogskosten verminderd, en de jaarlijksche vermeerdering van schuld opgehouden zal zijn; 2°. dat werken van zoo onderscheiden aard niet te zamen in één wetsontwerp behooren te worden vereenigd, maar in afzonderlijke ontwerpen vervat, opdat niet het goed en nuttig geoordeelde werk om het afgekeurd wordende verworpen, of omgekeerd het afgekeurd wordende om het goedgekeurde aangenomen mogt worden; 3°. dat het niet raadzaam schijnt, om tot zoodanige werken fondsen te bezigen, welke tot een ander doel zijn bestemd geworden, en door welker gebruik het reeds zoo ingewikkeld geldelijk beheer nog meer zoude worden gecompliqueerd; wordende deze bedenking, mijns oordeels, nog versterkt door de aanmerking in het slot der beantwoording van de Regering te vinden, volgens welke de openlegging van den staat van het Amortisatie-Syndicaat spoedig op handen is, en men dan met meerdere kennis van zaken over gebruik en restitutie van kapitalen, [64]en over te nemen maatregelen van voorziening, zal kunnen oordeelen."

»Bij deze *algemeene* bedenkingen komen nog vele *bijzondere*, ten aanzien der onderscheidene werken bij dit wetsontwerp bedoeld, waarvan ik slechts eenige voorname zal in het midden brengen, en wel vooreerst ten aanzien van den *spoorweg* of *ijzerbaan van Amsterdam naar Arnhem."*

»Ik sprak enz.",

»Ook de *bedijking en droogmaking van het Haarlemmer Meer* beveelt zich van onderscheidene zijden aan. De herschepping van eenen grooten, van tijd tot tijd in uitgebreidheid toenemenden, en daardoor dreigenden waterplas in eenen vruchtbaren met nuttig vee beslagen' grond, kan met treffende kleuren worden afgeschilderd: en ook het Rijk heeft daarbij zóó veel belang, dat het verstrekken van eenige sommen van staatswegen tot dat einde niet onaannemelijk worden geacht. Verder, ofschoon ik niet overtuigd ben van de gegrondheid van het bij sommige ingelanden van Rijnland bestaande bezwaar in eene droogmaking van het geheele Haarlemmer Meer, en ik zelfs eene zoodanige geheele droogmaking boven eene partiëele, om verschillende redenen, thans niet te ontwikkelen, verkieslijk houde, kan ik toch genoegen nemen met de ter gemoetkoming aan dat bezwaar door de benoemde belanghebbenden en deskundigen voorgestelde wijze van bedijking, in voege dat een klein gedeelte van dien grooten plas, onder den naam van *Spieringermeer* bekend, buiten bedijking blijft, om te dienen tot een' boezem, in welken het water wordt opgemalen, ten einde alzoo door sluizen te worden geloosd. Die boezem is, ook naar mijn oordeel, groot genoeg, om bij dagelijksche ontlasting al het dagelijks opgemalen of opgestoomd wordende water te kunnen bevatten; terwijl de door het opmalen of opstoomen [65]veroorzaakte hooge stand des waters de lossing daarvan in diezelfde mate zal vermeerderen, als het boezem-water zal rijzen."

»Dan ook tegen dit werk doen zich eenige bedenkingen op. Want om, ter bekorting mijner rede, niet terug te komen op alles, wat daaromtrent reeds in de verbalen der beraadslagingen van de afdeelingen nopens het hooren der belanghebbenden, de verzekering van wettig verkregene regten, de berekening van het productive des werks, en meer andere punten is gezegd, en naar mijn oordeel in de beantwoording der Regering niet tot bevrediging en geruststelling van U Edel Mogenden is opgelost; om al verder niet te treden in een betoog van de noodzakelijkheid, dat nieuwe wetsbepalingen, op het stuk van de onteigening, het daarstellen van zulke groote werken, als in dit wetsontwerp worden voorgedragen, dienen vooraf te gaan; wil ik thans alleen opmerken, dat de gegrondheid van het gevoelen van velen onzer, dat dit werk, hoe nuttig hetzelve ook wezen moge, echter meer uit het oogpunt van plaatselijk, districts- en gewestelijk, dan wel uit dat van algemeen belang moet worden beschouwd, onder anderen dááruit blijkt, dat Rhijnland, volgens het overgelegde plan en teekening, eene volledige verbetering in het Katwijksche kanaal zoude erlangen, eene verbetering, waartoe anders, zoo als door de vijfde afdeeling te regt is aangemerkt, bij den onvolmaakten toestand, waarin dat kanaal zich bevindt, Rhijnland toch verpligt zoude zijn, vroeger of later over te gaan. Ook is dit gevoelen niet alleen door de beantwoording der Regering niet wederlegd, maar zelfs aanmerkelijk versterkt door hetgeen aldaar sub 5°. en 9°. te lezen is, namelijk »dat de kosten, om den oever van het Haarlemmer Meer volledig te beveiligen, thans zeer groot zijn; dat de geheele oostelijke oever door eene steenen glooijing voor verdere [66]inbraak moet worden beschermd; dat daartoe de som van omtrent ƒ 30,000 jaarlijks door het Hoogheemraadschap van Rhijnland wordt aangewend; dat dit district door de bedijking van het Meer daarvan zal worden bevrijd; en dat dit niet het éénige voordeel is, hetwelk hetzelve door de droogmaking zal bekomen, maar dat ook het aantal van 16,700 bunders voor de uitlozing van deszelfs water zat moeten bijdragen, zoodat dit district het uitzigt verkrijgt, dat in het vervolg deszelfs lasten aanmerkelijk zullen worden verligt.""

»Kan het wel duidelijker, Ed. Mog. Heeren! dan hier geschiedt, uiteengezet worden, dat niet alleen het algemeene Rijks-belang, maar ook wel degelijk een meer bijzonder belang in dit werk is betrokken, en kan dan het gevoelen van de zoodanigen onzer, die van oordeel zijn, dat hetzelve niet voor rekening en op kosten van het Rijk alleen dient te worden ondernomen, maar dat ook plaatselijke, districts- en gewestelijke bijdragen daartoe in billijke evenredigheid behooren te worden aangewend, ongegrond worden genoemd?"

»In sommige afdeelingen is te kennen gegeven, dat het door de Regering geopperde, doch niet aangenomen denkbeeld, om de ondernemingen aan particulieren over te laten, en dus de kosten der werken uit particuliere negotiatiën te vinden, alles onder het oppertoezigt der Regering, niet geheel verwerpelijk voorkwam, althans in het geval, dat er uitzigt bestaan mogt, dat zich daarvoor associatiën van bijzondere personen mogten opdoen. Ten aanzien van de spoorwegen, zijn daartegen in de beantwoording gewigtige bedenkingen, vooral uit de noodzakelijkheid, dat de Regering van het tarief der regten meester blijve, ontleend, ingebragt: dan ten aanzien van de bedijking en droogmaking van het Haarlemmer Meer bestaan die bedenkingen niet, en ik zoude daarom dit [67]werk wel aan eene maatschappij van bijzondere personen willen overgelaten zien, alles onder genot van zoodanige Rijks-, provinciale en districts-bijdragen, en verdere aanmoedigingsmiddelen, als noodig mogten worden geoordeeld, om dit gewigtige werk met een gegrond uitzigt op goed gevolg tot stand te kunnen brengen."

»Wat de verdere werken enz.77."

Daarna sprak de Heer DONKER CURTIUS en zeide over dit onderwerp:

»Ten aanzien van de droogmaking van het Haarlemmer Meer denk ik minder ongunstig, (dan over den Spoorweg); maar de zamenvoeging van dit onderwerp met de Spoorwegen verhindert mij, om mijne stem bij dit onderwerp alleen te bepalen."

»Doch ook, wanneer het mij op zich zelf werd voorgelegd, zoo als het thans is voorgesteld, zou ik, bij gemis van oplossing van vele ingebragte bezwaren, huiverig zijn, daaraan voor als nog mijne toestemming te geven, 1° (en dit alles is ook toepasselijk op de ijzerbanen) omdat ik het oogenblik onzer Staatkundige positie en geldelijke aangelegenheden daartoe min geschikt acht; 2° omdat mij de zaak, tot hiertoe, meer vatbaar schijnt voor particuliere onderneming, des noods met subsidie uit 's Lands Kas, dan voor eene onderneming der Regering; en 3° omdat ook dan, wanneer ik de onderneming, zoo als zij wordt voorgedragen, als volkomen aannemelijk keurde, ik niet van oordeel ben, dat daartoe eene disponibelstelling van het gansche benoodigde fonds bereids nu vereischt wordt, veel minder dat het eene behoefte zou zijn, om tot dat einde *casu quo* toegestemde fondsen van derzelver wettelijke bestemming te detourneren78." [68]

De Heer ROMME was de derde spreker, en zeide:

»Evenmin wil ik, door de afstemming der onderwerpelijke Wet, gehouden worden als tegen het droogmaken der Haarlemmer Meer op te treden; ook deze onderneming beschouw ik als *nuttig* en *wenschelijk*, en zoude mij aangaande de mogelijke uitvoering van dat belangrijke werk op de ervarenheid en het beleid van de directie van onzen algemeenen waterstaat willen verlaten; maar dewijl bij deze onderneming algemeene, gewestelijke en plaatselijke belangen betrokken zijn, zoo behooren ook deze in verhouding tot het voordeel, hetwelk de onderneming eventueel voor hen kan doen ontstaan, of den last, waarvan zij dien ten gevolge ontheven worden, daartoe bij te dragen. In zoo verre dezelve echter niet door eene oogenblikkelijke en dringende noodzakelijkheid mogt geboden worden, zoo wordt de verdaging van dien, mede uit een finantiëel gezigt, aanbevolen79."

Breedvoerig sprak de Heer LUZAC over dit onderwerp, hetgeen hem, als inwoner der stad *Leijden*, natuurlijk moest ter harte gaan. Zie hier zijne redevoering:

»Ik was voornemens geweest, bij de uiteenzetting mijner gedachten over het onderhavig wetsontwerp, en de redegeving van mijn ongunstig *votum*, de orde, waarin de diverse onderwerpen zijn opgenomen, te volgen, en na eene algemeene consideratie te hebben vooropgezet, mitsdien: 1°. over den spoorweg van Amsterdam op Arnhem; 2°. over den zijtak van Rotterdam op Utrecht; — in de derde plaats over het bedijken en droogmaken van het Haarlemmer Meer, te spreken, om, in de vierde plaats, de overige bedoelde werken te behandelen, en met de beoordeeling van het voorgestelde finantiëel middel te besluiten." [69]

»Ik zal dit voornemen echter laten varen en mijne taak aanmerkelijk beperken: het onderwerp der spoorwegen zal ik stil ter zijde laten liggen, en mij bij de tweede hoofdbedoeling der wet, *het droogmaken van het Haarlemmer Meer*, ééniglijk bepalen; ik kan mij toch ook met de bedenkingen van U Ed. Mogenden omtrent de spoorwegen, zoodanig als dezelve door de Regering zijn voorgesteld, in al de afdeelingen bestreden, evenzeer vereenigen, als met vele der gezigtspunten, zoo even door ons geacht medelid uit Holland (DONKER CURTIUS) uit een gezet."

»De algemeene consideratie, welke, naar mijn oordeel, de beraadslagingen over dit wets-ontwerp domineert, is de finale ongepastheid en ongeschiktheid van het tegenwoordig oogenblik tot het aanvangen der bedoelde werken. Het komt mij voor, dat, bij de verwachte schikking onzer quaestiën met België, de voorzigtigheid ons moet gebieden, de verwezenlijking derzelve af te wachten, alvorens ons in ondernemingen te steken, welke (de nuttigheid volkomen eens aangenomen), aanvankelijk toch reeds op ene uitgaaf van 24 millioen geraamd worden, en ons tot beschikbaarstelling van nog vele andere millioenen zullen kunnen noodzaken."

»Ik wil de spoedige en gunstige beëindiging onzer geschillen verwachten, en vraag, of wij, na dezelve, niet beter het standpunt zullen kennen, waarop wij ons staatshuishouden zullen kunnen en moeten inrigten; of wij dan niet beter zullen kunnen beoordeelen, welke middelen wij tot verbetering onzer inwendige communicatiën moeten aanwenden; of en hoe wij Hollands grooten waterplas in welige landsdouwen zullen kunnen herscheppen?"

»Doch, enz."

»Ten opzigte van het droogmaken van het Haarlemmermeer is mijne bedenking echter van de meeste kracht; daar [70]deze onderneming, welke reeds meer dan twee eeuwen ter sprake gebragt is, voorzeker wel in zeer rustige tijden mag ondernomen worden, en het uitstellen daarvan het algemeen waarlijk niet met zoo vele en zoo eminente gevaren bedreigt, als men dit soms wil doen gelooven. Bedenken wij toch, dat bij het opkomen van ieder plan tot bedijking, in 1617, 1632 *enz.*, *de ondergang van Holland* door het Meer steeds als zeer aanstaande werd aangekondigd. In 1742 voorspelde doctor ZUMBAG DE KOESVELT dien *ondergang* als zeer nabij, indien men zijne droogmakings-projecten niet volgde; zij bleven achter, en reeds bijna eene eeuw is nu gunstig over zijne profetie heengevlogen."

»Eenig uitstel zal hier weinig schaden, terwijl het onvoltooid laten des werks, ten gevolge van moeijelijkheden, waarin het vaderland nu kan gewikkeld worden, de schromelijkste gevolgen na zich kan slepen. De intempestiviteit alleen zoude mij dus reeds doen huiveren, aan het ontwerp van wet mijne toestemming te geven."

»Doch ik wil mij achter dit algemeen bezwaar niet verschuilen, en tot de wet zelve overgaan: — ik laat, zoo als ik zeide, de quaestie der spoorwegen geheel ter zijde liggen, om dadelijk en uitsluitend het onderwerp van het bedijken en droogmaken van het Haarlemmermeer te behandelen."

»Hierbij doet zich al dadelijk eene zeer belangrijke vraag op, welke ik de aandacht en het onbevangen oordeel van U Ed. Mogenden moet aanbevelen, — zij is deze: »kunnen en mogen de Staten-Generaal de Regering in deze ondersteunen; — kunnen en mogen zij dit, in den stand, waarin de quaestie van het droogmaken van het Haarlemmermeer zich thans nog bevindt?" Ik houde mij overtuigd, dat deze vragen niet wel anders dan ontkennend kunnen beantwoord worden, en zal aan U Ed. Mogenden mijne redenen openleggen. — Wat is »hetgeen men het [71]Haarlemmer- of Leijdschemeer noemt?" Is het een waterplas, welke, als b. v. de Zuiderzee, kan gezegd worden, aan het algemeen te behooren? — Is het een waterplas, welke onbeheerd, onverzorgd ligt — welke aan het domein vervallen is; over welken de algemeene Regering des Lands eenige onmiddellijke administratie heeft? Voorzeker neen! — Het is een waterplas, geheel in de provincie van Holland gelegen, tot deze alleen behoorende: hij is, en was van de overoudste tijden af, onder het oppertoezigt van een bijzonder collegie gesteld, hetwelk de zorg heeft en volbrengt, van hem, in het belang van het geheel hem omgevend district van Rhijnland, gade te slaan, en naar gelang der hiertoe bestaande middelen te beteugelen."

»Het is, en dit is opmerkingswaardig, als eene rentegevende bezitting van de stad Leijden te beschouwen; een bezit, door die stad *titulo oneroso* verkregen, hetwelk haar, zonder de grootste onregtvaardigheid, niet eigendunkelijk en zonder voorafgaande voldoende schikkingen, kan of mag ontnomen worden. — De Hooge Regering, Ed. Mog. Heeren! kan en moet over de bedoelde droogmaking niet beslissen, zonder voorafgaand bepaald overleg en medewerking der steden Haarlem en Leijden, zonder hierin het Hoogheemraadschap van Rhijnland, zonder bepaaldelijk ook de Staten der provincie gekend te hebben."

»Dit klinkt U Edel Mogenden welligt vreemd; doch die bevreemding zal spoedig ophouden, wanneer ik U Edel Mogenden eenige feiten uit onze Geschiedenis zal hebben kenbaar gemaakt, en U Edel Mogenden eene authentieke akte, door Willem den eersten en de Staten des Lands verleden, zal hebben doen zien: zij zal ophouden, zoodra ik U Edel Mogenden omtrent de waarachtige en nog ten huidigen dage standhoudende omstandigheden zal hebben toegelicht."

»In het werk van den beroemden FRANS VAN MIERIS, in den [72]jare 1770, door M[r]. DANIEL VAN ALPHEN te Leijden uitgegeven, onder den titel van *Beschrijving der stad Leijden, deel* II, *pag. 605*, leest men: — »dit groote water (het Meer) draagt thans zijn' naam naar de steden tusschen welke het gelegen is: doch eertijds bestont het uit verscheidene kleine meeren, die van elkanderen gescheiden lagen, in dier voegen dat men langs het land van de Vennip en het uiterste van den Ruigenhoek, daar men met een schouw over het Meer gezet wierdt, op Aalsmeer of ander waard in Amstelland, of naar Woerden en Utrecht geraken konde: doch men vindt aangeteekend, dat deze weg, door overstrooming in het jaar 1496 onbruikbaar geworden, en de menigte der kleine meeren tot eenen geweldigen plas gemaakt is, nogtans zijn de namen der eertijds afgezonderde wateren tot heden overgebleven.""

»Al deze wateren waren nu, onder den algemeenen naam van *Vroonwateren*, dat is te zeggen, *vrij onbelaste wateren*, bekend, en werden in den jare 1433 door Hertog PHILIPS van Bourgondië in erfpacht aan de stad Leijden gegeven: zoo als te vinden is in het *Groot Charterboek van* VAN MIERIS, *IV deel, pag. 1017."*

"Margaretha, weduwe van Graaf WILLEM VI, herhaalde deze uitgifte in 1434 en 1435, en PHILIPS, Hertog van Bourgondië, stelde, in de maand Junij 1451, orde, »dat die van Leijden in de gepachte vroonwateren niet verkort of beschadigd zouden worden."

»De stad Leijden namelijk had veel nadeel door het visschen van bijzondere personen ontvangen, en nu beval Hertog PHILIPS in gezegd jaar 1451, wel uitdrukkelijk: »dat niemand in het gemelde water zonder bewilliging van de stad Leijden zoude visschen, noch eenige ruigte mogt snijden noch vervoeren, op zekere boeten, door den schout van Leijden, van de overtreders te vorderen." Men leze de handvest, bij VAN MIERIS pag. 699." [73]

»Op dezen voet, bij welken de vrije of vroonwateren tusschen Leijden en Haarlem nog geheel in eigendom aan den souverein verbleven, is de stad Leijden, voor 75 Wilhelmus schilden, jaarlijks te betalen, pachter geworden en gebleven, tot na de afzwering van PHILIPS II en de vestiging van dezen Staat, door WILLEM den Eersten."

»En wat is toen gebeurd? — Ik bid U Ed. Mogenden hierop uwe aandacht te willen vestigen: »toen is," zegt VAN MIERIS, *Beschrijving van Leijden, pag. 605*, »het vroon tusschen Haarlem en Leyden, in het jaar 1583, geheel aan de stad Leyden *verkocht geworden*, en die stad is sedert *in dat uitgebreide gebied* door de Hooge Overheid gehandhaafd."

»Dit is geen sprookje, mijne Heeren! geene onzekere overlevering: de acte van verkoop is voorhanden, en te vinden in de *Handvesten der stad Leijden*, door VAN MIERIS, in 1759, uitgegeven, pag. 705. — Het zij mij vergund de belangrijkste periodes aan U Ed. Mogenden mede te deelen."

»De akte is van den 31sten December 1583; boven aan leest men: »Door den Prins van Oranje, de Ridderschap, Edelen en Gedeputeerden van Holland, representerende de Staaten van 't Land, aan de stad Leijden *verkogt het vroon tusschen Haarlem en Leijden*, &c. &c. — en zij begint aldus:"

»»WILLEM, bij der gratien Goodts, Prince van Orangnen, Grave van Nassou &c. &c.—mitsgaders die Ridderschappen, Edelen en Gedeputeerden van de steden van Hollandt, representerende de Staten van den selven Lande: Doen te wetenen, dat naerdyen bevonden is de Domeynen van Hollandt, in voorleden tyden, ende verscheyden jaeren successivelycken, zoo by 't vercoopen ende versetten van dien, als belastinge van renten daer op gestelt, zeer vermindert, becommert ende beswaert te zijn, in [74]der vougen, dat uyt die jaerlycxe vruchten ende incomsten derzelver de voorsz. renten ende lasten daer op staende nyet en mochten worden voldaen, waerdeur &c. Omme hier tegens te voorsien,—wy raetsaem bevonden hebben, by zeeckere commissarissen, soo uyt de Edelen ende Gedeputeerden van de steden, als uyt den Raide Provinciael— te doen procederen, tot vercoopinge van diversche partyen van Domeynen. Welcke commissarissen onder andere overcomen zyn met die Burgermeesteren, ende Regeerders der stede van Leyden, als dat sy luyden in coope hebben ende behouden zullen, ten behouve van heurluyden stede, de partyen van Domeynen hier naer verklaert."""

»»Eerst, d'erffpacht van vyff en 't zeventich Wilhelmus schilden, verscheynende tot twee termynen 't jaer—die de voorschreven stede jaerlycks schuldig is, van 't vroon tusschen Leyden ende Haarlem, voor de somme van twee duysent achhondert ponden van XL grooten Vlaemsch 't pondt:—Item, &c."—Vervolgende de akte, na de opnoeming van andere verkochte recognitiën, thijnsen en regten, aldus: »Ende alzoo de voornoemde stede van noode is daervan te hebben haerder verseekertheyt, Onze open brieven daertoe dienende; soo ist, dat Wy, hebbende de voorsz. vercoopinge voor aengeneem, ende willende te goeder trouwe procederen mitte voornoemde stede, ende haer verseeckeren zoo 't behoort, hebben denselven verkoft, gecedeert en getransporteert, vercoopen, cederen ende transporteren bij desen, de voorsz. partyen van Domeynen, hier vooren geroert, vry, zonder opstal van eenige renten, omme deselye voor haer, off actie van haer hebbende, in vryen eygendom te besitten ende gebruycken, sonder dat daervan eenige nacoop, naestinge off lossinge zal mogen geschien.—Beloven voorts de voorsz. coope by alle tractaten van peyse te houden [75]staen, ende te doen approberen, ende de voorn. stede—te garanderen vry, costeloos ende schadeloos te houden van alle actien, aenspraken ende pretensien, die selve ter cause van de voorsz. coope gemoveert sullen mogen worden. Oock en sullen de voorsz. partyen van domeyen bij geen mesuren ofte delicten verbeurt mogen worden, ten ware d'eygenaer van dien eenige verraderye tegen 't gemeen Vaderland aanrichte." Dat nu de stad Leijden deze *domeinen*, zegt de acte, gekocht heeft, zal hierdoor wel bewezen zijn, even zeer als het buiten kijf is, dat de stad zich *aan geene verraderije tegen het gemeene Vaderland heeft schuldig gemaakt*, en ze hierdoor kan verloren hebben; doch het blijkt ook, dat zij de kooppenningen voldaan heeft, want de quitantie, in dato 14 November 1584, is bij VAN MIERIS, pag. 707, achter het bedoelde stuk gedrukt."

»Na deze lecture veroorloof ik mij nu deze eenvoudige vraag, *quo titulo* de Hooge Regering, welker predecesseuren dezen verkoop gedaan hebben, en tegen alle aanmaningen plegtig gegarandeerd, nu zonder toestemming van den eigenaar dezer regten, tot het droogmaken van het Meer, het doelloos worden van het verkochte, kan besluiten? Hoe zij deze vergadering hiertoe kan willen doen medewerken? Is het eerste gedeelte van art. 164 der grondwet dan zonder kracht geworden?"

»En nu kan men niet *over de uitgestrektheid* van dit *vroon* twisten; want van deze blijkt weder uit eene keure van den 28 Februarij 1594: »duidelijk leerende, zoo als VAN MIERIS zegt, pag. 707, hoeverre zich het vroon der stad Leyden uitstrekt, en uit welke wateren hetzelve bestaat.""

»De aanhef dezer keure luidt aldus:"

»»Alsoo de stad Leyden in den jaere 1433 van H. M. Hertoge PHILIP van Bourgongien, in der tyd Grave van Hollandt, het recht vercreghen heeft tot de visserien van [76]de Meeren, ghelegen aen verscheyden partien tusschen Leyden, Haerlem, ende Amsterdam: ende sulcx van den selven tyd aen, in geduyrighe ende vreedsamighe possessie, ende gebruyk is gheweest, van de volgende wateren ende visscheryen, die men van oudts met eenen name ghenoemt heeft *het vroon*—als de Zyl, 't Zweylant, de Norremeer, de Hemmeer, de Valckemeer, of 't Vennemeertgen, de Spriet, de Kever, de Zeven, 't Hellegat, de Zassemeer, de Greveling, de Aa, Huykersloot, de Cagermeer, de Astermeer, de Leydtschemeer, de

Haarlemmermeer, de Hellemeer, de Verremeer, de Stommeer, 't Griet, de Brasemeer, de Oudeweteringhe, de Gooch, ende de Nieuweweteringhe."" —

»Hoe, in het vervolg van tijd, over die regten, over die bezitting, is gedacht geworden, alsmede hoe onze voorvaders het bedijken en droogmaken van het Meer beschouwden, is overtuigend te lezen uit eene resolutie van de Groote Vroedschap der stad Leijden, van den 6^{den} October 1632 (bij *van Mieris* pag. 710), waarin deze woorden voorkomen: »Hebben de H. H. Burgemeesteren van dese stadt Leijden, de Grote Vroedschap derzelver stede voorgedragen dat— gemerkt de voorsz. Meeren dese stadt in eigendom toebehooren, ende dat de bedijkinge van dien, extreme groote schaden en interesten, jaa (dat Godt verhoede), den geheelen ondergang van de voorsz. stadt soude konnen veroorsaaken, of daarom niet goed en dienstig en ware in tijds vast te stellen, dat voortaan op 't stuk van de bedijckinge der voorz. Meeren—van wegen dese stadt niet en sal mogen werden gedelibereert nog geresolveert, dan bij de voorsz. Vroedschappen, ende alle de leden van dien tegenwoordig, of immers daartoe geconvoceerd zijnde: mitsgaders bij eenparige stemmen van alle deselve, sonder dat overstemminge daarinne plaatse sel mogen hebben." [77]

»Nu moet men niet zeggen, dat die Leijdenaren zich hieromtrent te veel aanmatigden, en in deze resolutie, als getuigen in derzelver eigene zaak, reprochabel zijn; want ook de regterlijke Autoriteiten van dien ouden tijd erkenden en handhaafden de regten der stad op 't vroon, zoo als weder te zien en te lezen is, door eene uitspraak van commissarissen van den Hove van Holland, van Julij 1656, gegeven tegen den Bailluw van Kennemerland, »welke meende geregtigd te zijn het vischwant en de fuiken in de vroonwateren der stad Leijden, met geweld te mogen weghalen. (Zie *van Mieris* pag. 713.)"

»Ik vertrouw, dat U Ed. Mogenden, na de mededeeling dezer stukken, mij toch zullen toestemmen, dat hier van iets meer, dan van verouderde vooroordeelen quaestie is, en dat met zegel en brief kan bewezen worden, dat zonder de stad Leijden hierin te kennen, naar regt en billijkheid, niets behoort ondernomen te worden; ten zij wij weder wilden terugkeeren tot die ongelukkige tijden, toen de dienaren van Philips II, op de klagten onzer voorvaders over het schenden hunner regten, geen beter antwoord wisten te geven, dan hun in derzelver verbasterde taal toe te voegen: *non curamus vestros privilegios*."

»Onze voorvaders, die reeds in 1617, daarna weder in 1632, over het droogmaken der bedoelde plassen hoorden spreken, en deswege allerhande plans zagen maken, overdachten deze zaak met ernst en bedaardheid, en oordeelden haar van zoodanige veruitziende gevolgen, dat zij eene resolutie namen, op den 14[den] November 1662, bij de Groote Vroedschap der stad Leijden, »omme haar bij 't aankomen van ieder veertig (of raadslid), na het doen van den eed in die qualiteit, voor te lezen *van namelijk niet te resolveren in het bedijken van de Leijdsche en naast aangelegen meeren.*" (Zie *van Mieris*, pag. 714.)"

»Ten slotte moet ik opmerken, dat de gestrengheid dezer resolutie op den 13[den] Julij 1750 is opgeheven geworden, de leden der groote Vroedschap van de gedane belofte toen zijn ontslagen, en wij sedert dien tijd weder over het droogmaken van het Meer ons gevoelen te Leijden vrijelijk mogen uiten."

»Tot verdere toelichting, Ed. Mog. Heeren! dezer belangrijke quaestie, moet ik hierbij voegen, dat even min als de bedoelde koop kan betwijfeld worden, even min quaestieus is, wat in de bedoelde regten aan de stad Haarlem, wat aan Leijden toebehoort.—Uit eene overeenkomst toch, door de Regenten van beide deze steden op den 6[den] November 1698 aangegeven, en almede bij *van Mieris*, pag. 715 en 716 te vinden, blijkt, dat alleen aan de stad Haarlem de visscherij in het Spieringermeer toekomt, terwijl het vroon van al de overige wateren en plassen, het Haarlemmer- of Leijdsche-meer, geheel ten bate en voordeele van Leijden kwam."

"En is nu dit regt verloren gegaan, heeft men deze revenuen niet geteld en ze soms laten varen?—In geenen deele, mijne Heeren!— De stad Leijden is nog, tot op den huidigen dag, de belangrijke vruchten van haren koop plukkende:—nog wordt de visscherij in de vroonwateren door de stad Leijden gepacht, en brengt zij een bruto jaarlijksch inkomen van ƒ 2000 op;—tot op den huidigen dag staan, der stads regt aanduidende, palen rondom de geheele uitgestrektheid van het Meer, tot aan den ingang van het Nieuwe Meer toe, tot digt aan de poorten van Amsterdam; nog tot op den huidigen dag is een lid van den Raad met het Vroonheerschap te Leijden belast, en bestaat aldaar een speciaal stedelijke opzigter over al de vroonwateren: en hetgeen mede opmerking verdient, nog tot op den huidigen dag verleent de stad Leijden, tegen betaling van zekere geldelijke retributiën, verlof tot het baggeren, het uitdiepen dus van den grond zelven, in de vroonwateren der stad." [79]

»Ik moet vooronderstellen, dat deze facta, welke waarachtig zijn, dat deze regten, op onloochenbare bewijzen steunende, aan de Hooge Regering, hoe vreemd dit ook klinken moge, onbekend zijn geweest, en zij vermeend heeft, dat dit groote water zonder vruchttrekkend eigenaar was;—ware het anders mogelijk geweest, dat zij, onder de voordeelen, welke gedurende de bewerking door het Meer zullen opgeleverd worden, ook *de verpachting der visscherij* (zie n°. 11 der beantwoording) zoude opgenoemd hebben? Het zal toch moeijelijk zijn, weder tot de verpachting eener visscherij over te gaan, waarvan de eigendom reeds over meer dan twee eeuwen geleden door hare predecesseuren aan Leijden is verkocht geworden, en welke visscherij reeds voor verscheidene jaren door deze stad zelve is verpacht."

»Ik trek uit dit alles deze conclusie, welke zeker niemand van overdrijving zal kunnen beschuldigen:—dat men, alvorens tot de bedoelde onderneming te besluiten, de laatstgenoemde stad in haar belang had moeten hooren, en over de schadevergoeding, op welke zij eventueel de gegrondste aanspraak maken kan, eenige opening had moeten geven. Niets van dit alles is geschied;—men leze al onze stukken, de meegedeelde memorie der Meer-commissie, nergens zal men eenige vermelding van de bedoelde regten vinden, nergens eenig bewijs, dat men hieraan gedacht heeft."

»Evenmin als men de voorafgaande belangen der stad Leijden heeft in acht genomen, evenmin heeft men het collegie van Dijkgraaf en Hoogheemraden van Rhijnland opgeroepen tot het geven van zijn advies, of verzocht zijne bedenkingen en raadgevingen in het midden te brengen. Het is waar, dat twee Heeren ook Hoogheemraden van Rhijnland zijnde, bij het besluit van den 7[den] Augustus 1837, tot de commissie zijn geroepen;—doch het is tevens waar, dat die commissie niet gemagtigd was met de belanghebbenden [80]de quaestie over het principe te onderzoeken, maar slechts geroepen, om een bepaald eindontwerp dier droogmaking en eene begrooting van kosten op te maken, terwijl het nog opmerking verdient, dat de Heer DE BRUIJN KOPS, een der twee Hoogheemraden, bij het besluit als *Burgemeester van Haarlem* wordt aangeduid, en de Heer P. A. DU PUI*alleen* met de bijvoeging van Hoogheemraad van Rhijnland voorkomt, en, vreemd genoeg, van het Bestuur, van de Regering van Leijden zelve, niemand bij de commissie was geroepen. — Het mandaat, aan de Heeren leden gegeven, was ook geheel personeel; het collegie van Dijkgraaf en Hoogheemraden werd, volgens mijne berigten, met niets officiëel bekend gemaakt, en het konde dus ook in geenen deele over de zaak zelve officiëel met bedenkingen tusschen beiden komen."

»Als wij nu echter nagaan, dat dit collegie meer dan zes eeuwen lang het wijd uitgestrekte district van Rhijnland heeft beheerd, en met zoo krachtige regten en privilegiën der oudste Heeren des Lands is beschonken geworden, dat het maakt en verzorgt al de belangrijke uitlozingen van deze vruchtbare landstreek, — dat het, onder zijn gebied en surveillance, 268 watermolens, die alle op den boezem van deszelfs district uitmalen, geplaatst ziet, waardoor van zijnen ingewikkelden waterstaat, en het getal der polders op hetzelve uitlozende, te oordeelen is; als wij nagaan, dat onder deszelfs bestier de sluizen op halfweg Haarlem staan, welke men, volgens het gemaakte project, met eene vierde opening wil vermeerderen en de reeds in den jare 1253 aan hetzelve toevertrouwde sluizen op Sparendam, alwaar men ook eene nieuwe bouwen wil, en eventueel, als het noodig bevonden wordt, een stoomgemaal van 180 paardenkracht zal oprigten; — als wij bedenken, dat onder deszelfs directie de sluizen van Katwijk behooren, waarvan men den aan- en toevoer ook [81]verbeteren wil; — als wij ons herinneren, dat het de superintendentie over het geheele Meer voert, al de werken ter beteugeling besteedt en bekostigt, en hieraan — om het cijfer, door de Regering zelve opgegeven, te behouden — jaarlijks meer dan ƒ 30,000 te kosten legt, — dan mag ik zeker vragen, hoe men bij de Regering heeft kunnen besluiten tot eene onderneming van dien omvang, van dit gewigt, van zoo veel gevaar, zonder het genoemde collegie, ik zal niet zeggen in deszelfs belang te hebben gehoord, want dat belang is en kan niet anders zijn, dan dat van het algemeen, van de grondeigenaars van Rhijnland, onder welke al de leden eene eerste plaats bekleeden, — maar zonder met hetzelve alles bedaardelijk te hebben gewikt en gewogen, zonder deszelfs voorlichting verzocht, zonder deszelfs ondervinding geraadpleegd, zonder deszelfs bezwaren te hebben uitgelokt?

»Het klinkt schoon, Ed. Mog. Heeren! 16,600 bunderen water in welige landsdouwen te herscheppen; het is aangenaam, zich, in den drooggemaakten polder, fraaije bouwmanswoningen en vette landerijen en dartelend vee voor te spiegelen, en niemand van Rhijnlands ingezetenen, veel min het collegie van Rhijnland, zoude niet gaarne zeer veel toebrengen om dit heerlijk tafereel te verwezenlijken en hunne bundergelden, zoo door een groot accres van contribuerende deelgenooten in deze gemeenschap, als door het wegvallen der onkosten, welke het Meer jaarlijks veroorzaakt, aanzienlijk te zien verminderen. Doch die verwezenlijking is, helaas! nog hoogst problematiek, en de vreeze, dat deze onderneming, in stede van 16,600 bunderen water tot land te brengen, de oorzaak zal zijn, dat meerdere duizende bunders goed vruchtbaar land in het vervolg zullen bedorven worden, heeft ons deze onderneming altijd, ik zeg niet met weerzin tegen de zaak zelve, doch met schroomvalligheid doen beschouwen." [82]

»Tot verdediging van die schroomvalligheid hebben wij nu slechts het rapport der staats-commissie zelve in handen te nemen, in hetwelk wij met duidelijke woorden geschreven vinden, dat zij zelve niet geheel gerust, niet zeker is »van den invloed, dien de droogmaking van het Haarlemmermeer (dit zijn de eigene woorden van het rapport) nog altoos op den stand van Rhijnlands boezemwater hebben zal, en de noodzakelijkheid, die daaruit om tot het stichten van een stoomgemaal van 180 paardenkracht te Sparendam over te gaan, mogt geboren worden, *hetwelk onder de bewerking eerst met volledige zekerheid zal kunnen blijken.*""

»Let wel, Ed. Mog. Heeren! op deze woorden: *onder de bewerking* zal eerst de invloed der droogmaking op den stand van Rhijnlands boezem met volledige zekerheid kunnen blijken." — Maar dan zal het misschien veel te laat zijn, dan zal de droogmaking begonnen, de geregelde waterloop gestremd, de dijk gelegd zijn, — en wat zal er dan kunnen gebeuren, indien die invloed eens zóódanig ware, dat geene stoomkracht van 180 of meerder paarden het overtollige water *tijdig genoeg*, want hierop komt het aan, zal kunnen aftappen? — Alsdan zullen de verst afgelegene polders kunnen onderloopen, Rhijnlands algemeene waterstaat voor lang bedorven zijn, en nieuwe poelen en meren de oude komen vervangen!"

»Dit *tijdig genoeg* van het overtollige water verlost zijn, is het voorname punt, waarop alles aankomt, — dat wordt door hen, die denken alles met de stoomkracht te zullen kunnen dwingen, te veel over het hoofd gezien: zij verliezen uit het oog, dat door de ringvaart het water wel *eindelijk* in zee te Katwijk, of op Spaarndam of op Halfweg kan uitgepompt worden, doch dat de weg, welken het water nemen moet, te lang is, dat er te veel tijd verloren gaat, voordat de, bij de droogmaking zoo zeer verminderde [83]en versmalde toevoermiddelen, het overtollige water bij de eindelijke uitlozing zullen aangebragt hebben, en dat mitsdien die landerijen, welke in de verder afgelegene hoeken van Rhijnland, achter den Rhijndijk en ten zuiden dier rivier gelegen zijn, niet dan zóó laat in den zomer zullen droog geraken, dat zij, geene voldoende vruchten kunnende opleveren, zullen moeten verlaten worden."

»Men schijnt hier geheel de lessen der praktijk, ons door het Katwijksche kanaal en de aldaar gevestigde sluizen gegeven, te vergeten: vier eeuwen lang sprak men over de weder-opening van den mond des Rhijns bij Katwijk, tot verbetering, tot herstelling van Rhijnlands waterstaat; de theorie sprak luid, en toonde, hoe alles met die weder-opening zoude gered zijn: ten koste van millioenen schats, waaronder Rhijnlands ingelanden lang zuchtten, werden die schoone sluizen, de bewondering des vreemdelings, gesticht en het kanaal gegraven, — en wat heeft nu de ondervinding geleerd? Dat de theorie gefaald heeft; dat het nut, op verre na, niet zóódanig geweest is als men gehoopt en gewacht had; dat zulke kanalen, waarbij in dit gedeelte van ons laag gelegen land niet die voortstrooming kan plaats hebben, welke het water snel doet uitloopen, maar zeer zwakke hulpmiddelen zijn."

Dáárin is vooral *de bedenkelijkheid* der onderneming gelegen, en het is mij onmogelijk hier de openhartigheid niet te prijzen van den steller van het rapport, die, door eene enkele periode, alle vroegere en tegenwoordige bekommeringen over den invloed der onderneming volkomen regtvaardigt. Ik hoop dan ook, dat die van onze geëerde medeleden, uit de 5de sectie, die het bij het laatste proces-verbaal doen voorkomen, alsof de Meer-commissie, »om Rhijnland te believen, de zaak voor hetzelve smakelijk te maken en aan zijne *vooroordeelen* te gemoet te komen, bepalingen in het plan had opgenomen, die afkeuring [84]verdienen," hieruit zullen ontwaren, dat men ook zonder met oude en belagchelijke vooroordeelen behebt te zijn, veel zwarigheid in deze zaak vinden kan, hoe weinig men ook genegen is hare wenschelijkheid te betwisten."

»Ik noemde zoo even, met een woord, *de Staten der provincie*, alsmede in deze, op eene onverklaarbare wijze, voorbij gezien, en beroep mij op de art. 223 en 224 der grondwet, waarbij het toezigt over *alle indijkingen en droogmakingen aan de Staten der provinciën*, binnen welke zij gelegen zijn, verbleven is, om hieruit af te leiden, dat de deliberatie over het al of niet ondernemen der droogmaking, welke toch de basis der aanwijzing van de fondsen zijn moet, grondwettiger bij de Staten der provincie dan bij de Staten-Generaal te huis behoorde."

»Er ligt voor mijn gevoel iets stuitends in, om eens een ander voorbeeld te kiezen, dat de Staten-Generaal zouden delibereren over de al of niet droogmaking van *het Sloter-* of *Tjeuke-Meer* in Vriesland, zonder dat de Staten dier provincie collegialiter van het plan en de wijze van uitvoering eenige officiëele kennis zouden dragen: het bevreemdde mij, nergens in de gewisselde en overgelegde stukken eenig bewijs gevonden te hebben, dat de Staten van Holland over deze onderneming zijn gekend geworden."

»Bij dit alles, waarmede ik de geëerde aandacht van U Ed. Mogenden reeds veel te lang heb bezig gehouden, zij het mij nog vergund, met weinige woorden het denkbeeld te bestrijden, bij de antwoorden der Regering, onder n°. 12, aangegeven, alsof het nog eenigzins twijfelachtig zoude zijn, waaronder de eventueel drooggemaakte polder zoude behooren; men zegt namelijk, »dat dit later overeenkomstig de bepalingen van de grondwet en de bestaande wettelijke verordeningen zal kunnen worden uitgemaakt."—Dit kan en moet, dunkt mij, niet quaestieus gesteld worden:—wanneer wij toch in dezelfde [85]periode lezen, »dat de uitlozing van den toekomstigen polder op den boezem van Rhijnland zal plaats hebben," en wanneer wij, het oog op de kaart van het hoogheemraadschap werpende, zien, dat de nieuwe polder geheel omgeven zoude zijn van Rhijnlands werken, van Rhijnlands grondgebied, dan gelooven wij, dat niet het interieure polderbeheer, het huishoudelijk bestuur, maar die superintendentie, welke Rhijnland over al de polders, in het hoogheemraadschap gelegen, uitoefent, — aan niemand beter en geregelder dan aan dat collegie kan overgelaten worden. — Wat hier de grondwet of andere bestaande wettelijke verordeningen anders leeren kunnen, verklaar ik niet te begrijpen!"

»Over het financiëel oogpunt, en de eventuëele voordeelen der onderneming, zal ik in geene bijzonderheden treden. Ik wil alleen, door mijn stilzwijgen, niet doen gelooven, dat ik de gevraagde som van ruim 8 millioen voldoende acht; ik geloof integendeel, dat zij veel te laag is genomen, en dat, om maar een enkel punt te kiezen, de enorme dijk, welken men, ter afsluiting van het Spieringermeer, dwars door het groote meer heen leggen wil, zóódanig kan tegenvallen, dat hierop alleen misrekeningen voor tonnen schats kunnen plaats hebben. — Ik ben overtuigd, dat wanneer men eens aan den gang zijn zal, het rubriek der *onvoorziene gebeurtenissen* tot in het oneindige zal gechargeerd worden, en merk hierbij op, dat bij het rapport zelf nog werken zijn opgenoemd, als bijv. de duiker, welke tot inlating van water eventuëel in den IJssel zoude gelegd worden, waarvoor geene kosten zijn uitgetrokken."

»Ja maar," zegt men, »uit den verkoop van 16,600 overschoone bunders land zullen al die extra-kosten, met de primitief uitgelegde 8½ millioen, gevonden worden. Leest slechts in de memorie van antwoord der Regering, [86]hoe »die dreigende waterplas, in vruchtbare velden herschapen, door nijvere bewoners bevolkt, rijke producten zal opleveren," en zijt dan overtuigd, dat de drooggemaakte bunders het uitgeschoten kapitaal ruim zullen teruggeven. — Geloove dit die wil, ik niet: ik kan het mij zelven niet wijs maken, wanneer ik de geschiedenis naga van zoo vele droogmakerijen, als vroeger in ons Gewest van Zuid-Holland ondernomen werden. Deze geschiedenis leert ons, dat eerst bij de tweede en derde generatie van nijvere bewoners, en nadat de eerste ondernemers zich bedorven en geruïneerd hebben, de landen eenige waarde bekomen, en zij aanvankelijk zeer magere produkten opleveren. Levendig herinner ik mij, uit de jaren toen ik als advokaat te Leijden werkzaam was, hoe ik de nijvere pachters in de Nieuwkoopsche droogmakerij voor de eigenaars der kavels heb moeten vervolgen, niet ter verkrijging van eenigen billijken interest der betaalde gelden, hieraan was niet te denken, maar tot bekoming van het noodige, om de polderlasten aan te zuiveren; vele fiksche boerenwoningen heb ik aldaar door eenen eigenaar zien stichten, bij wiens overlijden men, tegen aanzuivering der achterstallige polderlasten en de kosten des transports, woningen met de landerijen en al, bijna om niet konde bekomen."

»Nu waren al die vorige droogmakingen nog van beperkten omvang, in vergelijking van die, welke bij het wetsontwerp wordt beoogd: vele van deze werden door associatie van particulieren ondernomen, die bij het bovenkomen der landen genoodzaakt waren dezelve in cultuur te brengen:—maar hier, waar de Regering met 16,600 bunders dras moerassig land, in kort opeenvolgenden termijn, zal voor den dag komen, is het niet te gelooven, dat iedere bunder de waarde van ƒ 100—zal kunnen gelden, en het is eer te verzekeren, dat bijaldien het Amortisatie-Syndicaat zóó lang zal moeten bestaan, [87]totdat de kapitalen, welke men hetzelve bij deze gelegenheid wil ontnemen, uit de bedoelde onderneming zullen zijn terug gekeerd, de aanneming van deze wet aan de bedoelde institutie tot een certificaat van het ver uitgestrektste leven zal kunnen verstrekken80."

»Over, enz."

De vijfde spreker was de Heer M^r. FRETS, welke zeide:

»Over het uitdroogen van het Haarlemmermeer en over andere werken spreek ik niet. Het wenschelijke van een en ander is in mijne oogen groot: maar niet genoeg, om daarvoor het minder wenschelijke van den geprojecteerden spoorweg ter zijde te stellen. Indien de Regering had kunnen goed vinden om de onderwerpen te splitsen, had ik daarover een afzonderlijk oordeel kunnen uitbrengen81."

De Heer OP DEN HOOFF liet zich over dit onderwerp dus uit:

»Over de droogmaking van het Haarlemmermeer zal ik niet spreken, ik laat dat aan andere leden over. Een geacht spreker uit Leyden heeft ons daarover veel gezegd, wat mij toeschijnt opmerking te verdienen."

»Ik twijfel verder met een gedeelte der vijfde afdeeling, waartoe ik de eer had te behooren, of, wanneer men daartoe mogt overgaan, de zaak niet met inbegrip der *Spieringmeer* op eene betere en min kostbare wijze zou kunnen worden uitgevoerd, dan nu is voorgesteld.—.—Ik eindig, Ed. Mog. Heeren! met den opregten wensch, dat het tegenwoordig ontwerp van wet,— —weldra wederom geheel of gedeeltelijk, en wel gesplitst, veranderd en gewijzigd, aan deze vergadering moge worden aangeboden, en dat hetzelve alsdan de goedkeuring moge wegdragen,— — —waardoor het belang van het Vaderland, naar mijne overtuiging, zal worden bevorderd82."
[88]

De Heer SANDBERG zeide, »dat hij tegen het droogmaken van het *Haarlemmermeer* enz. zou moeten stemmen, vermits de gelden uit de bij de wet voorgestelde 30 millioen zouden moeten worden besteed83."

De Heer BACKER »betwistte de nuttigheid en het voordeel niet, dat eenmaal de droogmaking van het Haarlemmermeer aan Holland zal toebrengen, maar vond zwarigheden in de financiëele schikkingen, die de Regering tot het volvoeren ook van deze onderneming voorstelt. Ook had hij wel gewenscht, dat men het voornemen om het Meer droog te maken, nog eenigen tijd had vertraagd, totdat over deze zaak meerder licht zoude zijn verspreid; dat men met de opiniën der onderscheidene belanghebbenden meer bekend zal zijn geworden, en de betrekkingen tusschen den droog te malen polder en Rhijnland beter geregeld zouden zijn84."

De Heer VAN REENEN behandelde dit onderwerp uitvoerig en zeide hoofdzakelijk:

»Met blijmoedige dankbaarheid vernamen vele inwoners der polders, welke sedert zoo vele jaren geteisterd zijn geworden door het dagelijks toenemend geweld van het Haarlemmer-water, dat de beveiliging tegen hetzelve een onderwerp uitmaakte van de zorg des Konings. Gedurende ruim twintig jaren had ik het bestuur over een poldertje, dat op zich zelf klein is, doch al de nadeelen gevoelt, welke de omliggende polders van Sloten door het Haarlemmermeer-water lijden. Natuurlijk waren dus de lotgevallen van die landstreek en de geweldige uitwerkingen, welke het Haarlemmermeer, bij westelijke en zuid-westelijke winden, op dezelve uitoefent, zoowel als de middelen om dien geduchten vijand te weren, een [89]punt bij mij van gedurig onderzoek. Ik zag, dat de geschiedenis en de physieke aard der gronden zelve bewijzen, hoe groot het gevaar is, dat van dien kant eene landstreek dreigt, welke, tusschen het Meer en het IJ gelegen, boven de 18000 guldens in de grondbelasting van het Rijk draagt; aan Rhijnlands bundergeld meer dan 9600 guldens opbrengt; jaarlijks groote sommen tot polderlasten moet dragen; en geene hulp van Rhijnland ontvangt in deszelfs verdediging tegen het Haarlemmermeer. De verwoestingen, welke die plas in de aan denzelven grenzende polders, zoowel in vroegeren tijd als in de laatste jaren, en ook onlangs in 1837 heeft aangerigt, zijn te wèl bekend, dan dat ik de oplettendheid van U Edel Mogenden zoude behoeven te vermoeijen met eene beschrijving der rampen, die dezelve, ten gevolge der jaarlijks toenemende kracht van dat water, op verschillende tijden hebben geleden."

»Groot was de hoop van die polders en van vele ingezetenen des lands, die zoo dringend van de Hooge Regering hulp hadden afgesmeekt, toen zij vernamen, dat de droogmaking van het Meer, welke zij als het éénige middel tot het bewaren van een belangrijk gedeelte des Rijks beschouwden, het onderwerp van een voorstel van wet uitmaakte."

»Ook ik verheugde mij, dat zoo doende, nu, terwijl het nog tijd is, een maatregel zoude worden genomen, die, indien dezelve vroeger had plaats gevonden, kostelijke landen en dorpen zoude hebben bewaard en het nutteloos verspillen van vele schatten zoude hebben uitgewonnen: doch die ook nu nog ten minste het gevaar kan wegnemen, dat, wel in een verwijderd, doch niettemin physiek zeker verschiet, duizende bunders land, verscheidene dorpen, ja zelfs de hoofdstad bedreigt: het gevaar namelijk, dat het Haarlemmermeer, vereenigd met de Veenplassen en het IJ, eene zee zouden daarstellen ten Zuiden en Westen [90]der hoofdstad, weinig minder dreigende en gevaarlijk dan die, welke ten Noordoosten dier stad is gelegen. Wat daarvan de gevolgen zouden zijn, moge de geschiedenis van het ontstaan der Zuiderzee en van het Haarlemmermeer beslissen."

»Maar groot was mijne teleurstelling, toen ik, het ontwerp van wet inziende, en de medegedeelde stukken omtrent de droogmaking onderzoekende, bevond, dat die wet door mij niet kon worden aangenomen: niet alleen uithoofde van de middelen, waaruit de kosten gevonden zouden worden; maar ook om de wijze, waarop het droogmaken van dien plas werd voorgesteld, daar deze het gevaar van die noordelijke polders en van de hoofdstad niet alleen niet afweert, maar in zeker opzigt vermeerdert, door het niet droogmaken van het Spieringmeer. Ik zal thans niet treden in andere bedenkingen tegen het werk, zoo als het voorgesteld wordt, noch aanwijzen, hoe de bezwaren kunnen worden weggenomen; want de zaak, op welke het heden voornamelijk neder komt, is het financiëele punt."

»Gaarne had ik gezien, enz."

»Indien ik mij overigens met de wet konde vereenigen, zoude ik den spreker uit Leijden op zijne gemaakte bedenkingen in het breede antwoorden. Ik ben zóó zeer overtuigd van zijn verlicht oordeel en rondborstig karakter, dat ik geenszins twijfel, of hij zoude toestemmen, dat de door hem gemaakte bedenkingen het droogmaken van het Haarlemmermeer niet behooren tegen te houden, indien dit op goede grondslagen ondernomen kan worden; eenige aanmerkingen moet ik evenwel ook thans maken."

»Uit oude stukken toont ons de spreker, dat aan Leijden het *vroon* van vele meertjes in oude tijden door de souvereinen dezer landen is geschonken en dat vervolgens *titulo oneroso* anderen door die stad zijn verkregen. Maar welk regt is verkregen? Niet het eigendomsregt, maar [91]de visscherij: dit blijkt uit de door dien spreker aangehaalde oorkonden zelve85. Ook was het de gewoonte der Graven in dien tijd, dit weten wij ook uit andere voorbeelden, niet om het eigendoms-regt op die wateren aan iemand te schenken, maar om de visscherij aan gemeenten, kerken of pieuse instellingen, ter verpachting, toe te staan: zoo is ook in dien tijd de visscherij in het Sloterdijkermeer aan de kerk te Sloterdijk geschonken: en evenwel heeft dit niet belet, dat de Staten van Holland en West-Vriesland, op den 7[den] December 1641, octrooi hebben verleend tot het droogmaken van dien polder. Deze is dan ook sedert dien tijd in zeer vruchtbaar land veranderd, doch thans weder, ten gevolge der stormen van 1836 en 1837, in een' waterplas herschapen, met welks droogmaking men bezig is."

»Maar hoe het ook zij: uit het regt, dat Leijden heeft op een gedeelte van het Meer, volgt niet, dat het droogmaken van dien plas ongeoorloofd zoude zijn; maar, dat het droogmaken niet behoort te geschieden, zonder behoorlijke schadeloosstelling. Of zoude men, om eene visscherij te behouden, welke 's jaarlijks, volgens den spreker, twee duizend guldens opbrengt, geheele landstreken aan een wis verderf moeten overgeven en eene stad als de hoofdstad des Rijks in het grootste gevaar moeten brengen? En dit toch zal eenmaal het geval zijn, indien het Haarlemmermeer niet wordt beteugeld. Zoo ooit onteigening ten algemeenen nutte billijk en regtvaardig is, dan is zij het in dit geval."

»Het verdient hier opgemerkt te worden, dat vele van [92]die meertjes, welke de spreker heeft opgenoemd, niet op de kaarten, die in later tijd gemaakt zijn, gevonden worden; waarschijnlijk heeft het inéénloopen van sommigen derzelve het Leijdsche meer doen ontstaan, even zoo als dit vroeger door welige landsdouwen van de meer noordelijk gelegen meren afgescheiden, naderhand met dezelve in één is gesmolten, zoodat het Leijdsche meer in vervolg van tijd ook met het Haarlemmermeer, met het Oudemeer en het Spieringmeer vereenigd zijnde, meer en meer tot het IJ is genaderd en thans dien geduchten plas uitmaakt, over welken wij handelen."

»Het is waar, hetgeen de spreker zegt, dat reeds zoo dikwerf de klagten over het gevaarlijke van dat Meer zijn opgerezen, dat men bijna twijfelen zoude, of dat gevaar wel zoo groot zij. Maar juist dat herhalen dier klagten bewijst het gevaar; want dit bewijst, dat de landerijen, welke in de golven zijn verzonken, niet in ééns en door eene groote en onvoorziene omwenteling der natuur zijn vernietigd; maar door de langzamerhand voortgaande uitbreiding dier wateren. Zoo dikwerf als zware stormen in de waterkeeringen doorbraken en verlies van land veroorzaakten, werden die klagten opgeheven. Wanneer de wateren wederom geweken, de waterkeeringen óf hersteld óf met de vóórliggende landen verdwenen waren en de eigenaars derzelve het verlies, als door eene *vis major* veroorzaakt, hadden moeten dragen, dan, ja, zwegen die klaagstemmen voor het oogenblik; maar nieuwe rampen deden nieuwe klagten ontstaan, en nieuwe landeigenaars deden op nieuw dezelfde klagten hooren; doch ook dán werden deze stemmen wederom gesmoord. Intusschen bleef de vijand niet rusten, zijn geweld vermeerderde met zijne uitbreiding: de dorpen *Nieuwerkerk, Rijk* en *Vijfhuizen* verdwenen; de visscherij moge er bij gewonnen hebben; maar het gevaar werd hoe langer hoe grooter. [93]In de vorige eeuw was de Akerweg nog tot waterkeering dienende tegen het Meer; het herstellen der doorbraken in denzelven, en van de waterkeering, werd toen door de landmeters van Rhijnland begroot op ƒ 140,400 of ƒ 188,660, naar mate dat het werk meer of minder volkomen zoude zijn. Doch men heeft toen tot andere min kostbare maatregelen de toevlugt genomen: — die Akerweg is geheel vernield, — vóór- en achterliggende landen zijn verdwenen: wij zien omtrent den Osdorper-weg, die veel meer noordelijk gelegen, toen een binnenweg was, thans dezelfde zwarigheden ontstaan; — wij zagen dien ook verschillende malen dóórbreken, en wij zagen het Haarlemmermeer de landerijen en noordelijke polders tot aan de poorten van Amsterdam en den Haarlemmerweg met groot geweld innemen."

»Aan den Koning, aan de Staten van het gewest, aan Rhijnland is hulp verzocht tegen het gevaar, waarin het land, tusschen het IJ en het Haarlemmermeer gelegen, verkeert. De Koning, de Staten van het gewest hebben zich hulpvaardig betoond: ook de onderhavige wet is een bewijs van de gezindheid der Hooge Regering om te helpen; maar de wijze, waarop het droogmaken van het Meer wordt voorgesteld, is niet voldoende, om het gevaar te weren. Ook behoeft men hier geene proefnemingen te doen, waar men zich met genoegzame zekerheid tegen de kwade gevolgen, welke uit de onderneming voor Rhijnlands boezem gevreesd worden, kan waarborgen. Het gevaar, dat men in het verkleinen van dien boezem door het droogmaken van het Meer veronderstelt, moet door andere middelen worden weggenomen, dan door het onaangeroerd laten van het Spieringmeer; want om dit aan die bedoeling te doen beantwoorden, zoude het voor de polders, die tegen den Haarlemmerweg gelegen zijn, en voor den toekomstigen polder zelven, dubbel gevaarlijk [94]worden. Ik eindig dus met den wensch, dat, welke ook de gevolgen van het tegenwoordig ontwerp van wet zijn, het Z. M. den Koning moge behagen, dit punt in bijzondere overweging te nemen86".

De tiende spreker was de Heer Druyvensteyn, welke aldus sprak:

»Dat ik mij verpligt vinde mijne stem aan het voorgedragen wetsontwerp, tot uitgifte van losrenten ten laste van de overzeesche bezittingen, tot het doen van voorschotten voor openbare werken te ontzeggen, is niet om mij daardoor te verklaren tegen het aanleggen van spoorwegen, veel minder om mij te verzetten tegen het droogmaken van het Haarlemmermeer, en zelfs niet om aan de Regering de gelegenheid te ontnemen, door bijdragen, verschillende werken van algemeen nut en belang te helpen verbeteren, maar, al in de eerste plaats, omdat ik het oogenblik, waarin wij zijn, voor dergelijke belangrijke werken niet gelukkig gekozen vind, en een verwijl, al ware het dan ook maar van korten duur, wenschelijk en voorzigtig beschouw, en ten andere, maar ook bepaaldelijk, omdat ik mij met het aangewezen fonds niet kan vereenigen."

»Of een spoorweg in ons land enz."

»Wat de droogmaking van het Haarlemmermeer betreft, hoe vele ontwerpen zijn daartoe niet reeds gemaakt, met LEEGHWATER en welligt reeds vroegere te beginnen; hoe vele wenschen zijn daartoe gedaan; hoe dikwerf is het noodzakelijke aangetoond, en hoe is dit Meer, onder het maken van al die plannen en berekeningen, uitgebreid, in werking en kracht toegenomen, en hoe zal hetzelve eindelijk bij zoodanigen voortgang gevaarlijk worden en eene droogmaking gebiedend vorderen?" [95]

»Ik ben zeer voor het droogmaken van het Haarlemmermeer, en behalve het hiervoren gezegde, vereenig ik mij met de woorden der Regering in de eerste antwoorden op dit onderwerp gegeven, dat de keus niet twijfelachtig kan zijn, dezen uitgestrekten en dreigenden waterplas in vruchtbare velden herschapen te zien; maar ik verschil van opinie omtrent de wijze van uitvoering: ik wenschte de onderneming aan partikulieren toebetrouwd te zien en, om daarbij eens in den geest van het onderwerp in eenen landelijken zin te spreken, bezig ik het spreekwoord: *wien de koe behoort vat ze bij de hoornen*. Bij eene eigen onderneming wordt die spreuk met ernst voor oogen gehouden, en de bewustheid van voor het *groote kantoor* te werken leidt niet tot nuttelooze kosten."

»In Noordholland zijn in vroegere eeuwen veertig, en welligt meer, zoo groote als kleine waterplassen, door particuliere ondernemingen in land herschapen, en mogen wij hierin den ondernemenden geest onzer voorvaderen opmerken, het tegenwoordig geslacht mag er ook op roemen, dat de moed voor groote zaken nog niet is verloren, en het droogmaken van het Haarlemmermeer nog geen onderwerp is om tegen op te zien; maar door ondervinding wijs geworden, kan zoodanige onderneming niet onvoorwaardelijk plaats vinden: bijna alle droogmakingen, ten minste in Noord-Holland, hebben, zelfs bij de geringere arbeidsloonen en bij zeer lage prijzen der levensmiddelen, óf eene ongunstige óf hoogstens eene zeer matige uitkomst opgeleverd, en bij eene vrij zeker schadelijke uitkomst, zoo als bij de droogmaking van het Haarlemmermeer toch wel het geval zal wezen, zoude de onderneming door particulieren, zonder gunstige conditiën, eene dwaasheid zijn."

»Maar de Regering kan hierin te gemoet komen: laat dezelve voor deze droogmaking, ook met inbegrip van het Spieringmeer, dat, zoo ik mij niet vergis, ook het idee [96]der commissie is, eene billijke bijdrage aanbieden, vrijdommen verleenen en al wat tot deze zaak wenschelijk kan zijn, gemakkelijk maken, en daartegen bepalingen vasthouden, die van de zijde der Regering niet verloren mogen gaan."

»Zoo zal bij voorbeeld Rhijnland in deszelfs bestuur en regten bescherming behoeven, het zal van belangrijke bezwaren ontheven, maar ook met andere moeten belast worden; voor de ontlasting van het boezemwater, dat zich op een' veel kleineren omtrek zal beperkt vinden, zal met naauwgezetten ernst moeten gezorgd worden; de landerijen, die aan dezen verkleinden waterboezem zullen grenzen, en na de bedijking van het Meer als oude landen zullen voorkomen, zullen welligt tegemoetkoming behoeven voor het aanleggen, verhoogen of verzwaren hunner waterkeerende dijken; de plaatsing der watermolens en stoommachines, de verbetering en vermeerdering van sluizen, zal niet naar willekeur moeten geschieden; het getal der beide eerste zal aanvankelijk onzeker, maar nader in verband met de blijkbare behoefte worden vastgesteld, en meer dergelijke zaken, als door de ondervinding zullen aangewezen worden, noodzakelijk te zijn."

»Onder het voorbehoud van alle zoodanige bepalingen aan de zijde der Regering, zal het Haarlemmermeer worden drooggemaakt, zonder andere belangen te kort te doen of te benadeelen, en hoe hoog de bijdrage der Regering ook moge worden bepaald, ze zal niet onzeker en altoos minder zijn, dan de kosten eener eigene onderneming; de regten van Rhijnland zullen bewaard, de belangen der omgelegen landen zullen beschermd worden, een gevaarlijke plas zal niet meer bestaan, en aan het algemeen belang wordt eene hoogstwenschelijke en nuttige bijdrage gebragt. — Ik herzegge, aan het algemeen belang, want de provincie mag er door verbeteren, en [97]van de mogelijkheid eener gedeeltelijke overstrooming bevrijd worden, maar 's Rijks kas alleen zal éénmaal, al moge zulks nog verre verwijderd zijn, de vruchten van het drooggemaakte Meer plukken."

»Wat eindelijk het laatste gedeelte der wet betreft, enz.87."

Hierop volgde de Heer DE BORDES, welke zeide:

»Wat het droogmaken van het Haarlemmermeer betreft, ben ik overtuigd van al het heilzame van hetzelve, en ik erken tevens, dat dit gedeelte van het ontwerp van wet zich om zeer vele redenen, uitgedrukt in de memorie van toelichting van het Gouvernement, aanbeveelt."

"Het betoog van het geëerd lid uit Leijden voor het uitsluitend regt van de genoemde stad op het Haarlemmermeer, hetzij dan op den grond van hetzelve, hetzij op de visscherij in dien waterplas, uit oude stukken ontwikkeld, is mij zeer belangrijk en wetenswaardig voorgekomen; — maar wanneer ik ook bij nader onderzoek dier stukken eene nog meer volledige overtuiging van dat regt mogt verkrijgen, zoude het voor mij geene genoegzame beweegredenen opleveren, omdat naar mijn inzien het regt der stad Leijden dan gelijk zoude staan met alle andere particuliere eigendommen, die tot bevordering van algemeen nut, behoudens eene billijke schadevergoeding, onteigend kunnen worden."

»Doch, hoezeer ik dan aan de eene zijde overtuigd ben van het nuttige der zaak, gevoel ik aan den anderen kant de billijkheid, dat een werk van zoo veel nut voor *deze* provincie, en waarbij het Hoogheemraadschap van Rhijnland ook zoo zeer betrokken is, niet uitsluitend worde daargesteld ten, koste van de algemeene schatkist."

»Het is wel waar, de voordeelen, welke uit die droogmaking zullen voortvloeijen, zijn niet alleen eigen aan de [98]provincie Holland, maar ook de algemeene Staat heeft er belang bij, om die gevaarlijke binnenlandsche zee uit het midden van den vaderlandschen grond te doen verdwijnen; doch dat belang is toch meer bijzonder dat van het gewest, waarin die waterplas zich bevindt, en vooral ook dat van het Hoogheemraadschap, hetwelk daardoor zal bevrijd worden van de groote kosten, die de beveiliging van de oevers van het Haarlemmermeer jaarlijks vordert."

»Ik zoude derhalve met velen mijner medeleden instemmen, dat wel de Rijks schatkist zich met een aanzienlijk gedeelte van de vereischte kosten bezwaren kan, maar meen tevens, en wel vooral ook, omdat de toestand van 's lands kas zoo veel uitsparing vereischt, dat de mede-geïnteresseerden in die kosten moeten deelen."

»En daar ik dit in de concept-wet niet aangetroffen heb, en vooral ook, daar ik voor de algeheelheid der kosten hetzelfde fonds vind aangewezen, hetwelk ik voor den ijzeren spoorweg moet afkeuren, heb ik ook gemeend aan dit aangelegen werk, hoe wenschelijk op zich zelf, mijne stem niet te kunnen geven; — moetende ik daarbij aan de beoordeeling van meerkundigen overlaten, in hoe verre de geprojecteerde uitvoering van het ontwerp aan gegronde bedenkingen, of aan die, welke wij in deze zitting hebben hooren aanvoeren, onderhevig is, en of de raming der kosten als voldoende kan worden geacht."

»De wijze van voorziening in de vereischte kosten belet mij ook te stemmen voor de werken van verschillenden aard, en ik oordeel tevens met de afdeeling, tot welke ik behoord heb, dat die werken in de wet zelve hadden behooren uitgedrukt te worden, en dat ten aanzien der kosten, voor ieder derzelve vereischt, eene afzonderlijke opgave van hetgeen de algemeene lands-kas daarin zoude behooren te dragen, in de wet had behooren gevoegd te worden." [99]

»Eene geregelde toestemming der Staten-Generaal in deze buitengewone credieten scheen mij zulks te vorderen."

»Het alles te zamen trekkende, is het dus niet, omdat ik het nuttige der voordragt niet gevoel, maar om den vorm, waarin hetzelve is voorgesteld, en vooral om de wijze van voorziening in de benoodigde kosten, dat ik mij gedrongen zie Zijne Majesteit eerbiedig te verzoeken deze wet in nadere overweging, te nemen88."

De Heer VAN HOORN VAN BURGH »achtte de droogmaking van het Haarlemmermeer hoogst wenschelijk en heilzaam, en wees bij het betoog hiervan vooral ook op de polders van *Woubrugge* en anderen, die nog onder de gevolgen zuchtten der stormen van November en December 1836, en de daardoor veroorzaakte overstroomingen van het Haarlemmermeer. De vermenging echter van twee ongelijksoortige onderwerpen en het onraadzame der voorgedragen financiëele maatregelen, deden hem tegen de wet stemmen89."

De Heer REPELAER zeide: »Wat het droogmaken van het Haarlemmermeer aangaat, hoe wenschelijk die zaak op zich zelve ook beschouwd moge worden, en in de gevolgen van belang voor het Rijk moge zijn, zoo doet zich echter alhier de vraag op, of het raadzaam is, zoodanige onderneming juist in de tegenwoordige omstandigheden te beginnen: indien er toch geen *periculum in mora* bestaat, zoude men dan die bewerking niet tot geschikter gelegenheid kunnen uitstellen? zijn er zoodanige dringende redenen aanwezig, welke de droogmaking van dat Meer zonder uitstel en gebiedend vorderen; waarom dan dezelve, het zij met eerbied gezegd, aan deze vergadering niet kenbaar gemaakt? Mogten er echter geene zoodanige overwegende [100]redenen bestaan, ware het dan niet beter een gunstiger tijdstip daartoe uit te kiezen90?"

De veertiende spreker was de Heer HOOFT, welke dus sprak:

»Ik was voornemens, om een uitgebreid advijs uit te brengen over de onderhavige wet; maar toegevende aan het verlangen van vele leden en in aanmerking nemende de lang gerekte aandacht van U Edel Mogenden, waarvan ik geen misbruik wil maken, zoo zal ik, daar vele van mijne bedenkingen reeds door andere leden zijn opgenomen, verder van het woord afziende, mij alleen bepalen tot één punt, waartoe ik mij verpligt gevoel. Daar het U Ed. Mogenden bekend is uit de stukken, welke wegens het Haarlemmermeer zijn medegedeeld, dat ik behoord heb tot de commissie, welke daarover rapport heeft uitgebragt, en als strijdig met de bemoeienissen dier commissie, voor dezelve, maar vooral voor de Regering, welke die commissie heeft benoemd, eenigzins grievend is voorgedragen, namelijk alsof het Bestuur van Rhijnland ten deze *niet ware gekend*; iets dat niet alleen in de afdeelingen, maar ook bij de beraadslaging van heden, en wijders in een adres aan deze Kamer gerigt en in de dagbladen opgenomen en publiek geworden, is beweerd: hierover nu moet ik U Ed. Mogenden zeggen, dat op gevraagde voordragt van Rhijnland door Z. M. de Heer DU PUI, Secretaris van de stad Leijden, in die commissie is benoemd geworden, even als de Heer DE BRUYN KOPS, Burgemeester van Haarlem, welke ook is lid van het Bestuur van Rhijnland, zoodat twee leden van dat Bestuur in de commissie zitting hadden; dat die Heeren, even als ik voor Amsterdam daarin zitting hebbende, met ruggespraak met onze committenten hebben gehandeld, zoodat die Heeren den Heer [101]opzigter van Rhijnland, HANEGRAAFF, in onze deliberatiën en ter visie der stukken hebben medegevoerd, zoowel als ik een' deskundige uit de hoofdstad; dat al de bezwaren van Rhijnland tegen het ontwerp der droogmaking zijn overwogen en geweken, voor het namens dat Bestuur aan onze commissie ingeleverd en door dezelve in deszelfs geheel overgenomen plan met teekening en raming van kosten voorzien, (thans nog ter inzage op de griffie van deze Kamer liggende), van de geprojecteerde verbeterde uitwatering te Katwijk; en dat wijders het bij onze commissie ook door mij sterk aangedrongen voornemen om de droogmaking van het Spieringmeer aan te raden, is opgegeven, alleen toen wij de zekerheid meenden te hebben, dat bovengemelde medewerking van Rhijnland getuigde van de goede gezindheid ten deze van dat Bestuur, en hetzelve daardoor genoegzamen waterboezem erkende te hebben."

»Na al dat aangevoerde, laat ik het beoordeelen, of Rhijnland al dan niet gehoord is, over aan de natie. Ik heb gezegd 91."

In de Nederlandsche Staats-Courant van den 21 April 1838, N°. 95, heeft de Heer HOOFT dan ook de redevoering, welke hij had vermeend in de Kamer uit te spreken, doen drukken; ik neem uit dezelve hier over hetgeen tot het Haarlemmermeer betrekking heeft en aldus luidt:

»Heb ik iets gezegd over de ijzerbaan, althans zullen U Edel Mogenden dit van mij verwachten van het Haarlemmermeer, eene zaak, die ik daarentegen gaarne derzelver beslag zag verwerven, door deze hoogst gevaarlijke en al meer en meer toenemende vernielingskracht uitoefenende binnenlandsche zee te zien droog gemaakt en [102]herschapen in eene welige vlakte, waartoe de wensch van allen, die de zaak kennen, zich zoo ernstig uitstrekt; en ook daaronder mag ik mij rangschikken, zoowel als grondeigenaar, alsook als belastingschuldige van Rhijnland, en vermeen dus mijne stem in die betrekking, met mijne mede-slagtoffers van de woelingen van dat Meer, zoowel *voor* de droogmaking te mogen verheffen, als andere bunderpligtigen aan Rhijnland, die tot dus verre gespaard zijn, er *tegen* willen spreken. Maar, Ed. Mog. Heeren! wat zal ik al veel bijvoegen bij hetgeen staat in het u bekend rapport der commissie van onderzoek deswege, waar ik de eer gehad heb van mijne teekening onder te stellen, en dat het noodzakelijke, het uitvoerlijke, en, in één woord, het aannemelijke daarvan vrij overtuigend moet bewijzen."

»Ik beken, dat ik gaarne gezien had, dat deze onderneming zich ook had kunnen uitstrekken over het zoogenaamde Spieringmeer; maar toegevende in dezen aan de zwarigheden, die zich in de uitvoering opdeden bij een zeer gewigtig waterbestuur in die streken, welks medewerking veel waard was en waarvan de tegenwerking niet verkieslijk was, zoo heb ik dat stuk geteekend in de volle verzekering, dat het Bestuur van Rhijnland, waarvan twee leden het rapport mede geteekend hebben, en na gehoudene ruggespraak met hunne medebestuurders, aan die commissie hoogst belangrijke hulpmiddelen hebben gesuppediteerd en door deze zijn overgenomen;—ik beroep mij, om niets meer of anders te noemen, op het project met teekening en raming van de uitbreiding van het Katwijksche kanaal, ter griffie dezer Kamer in natura aanwezig en door Rhijnlands Bestuur opgemaakt, aan de commissie overgegeven: is dit hooren van dat Bestuur, of is het dit niet? (Ik vraag dit tot wederlegging van het ongegronde van den kreet, alsof dat Bestuur onkundig [103]van de zaak was).—Zoo heb ik, zeg ik, dat stuk geteekend, al wordt de droogmaking niet zoo volledig als ik die wenschte: andere leden dier commissie met mij het wenschelijke van het droogmaken van het Spieringmeer opgegeven hebbende, alleen omdat wij op Rhijnlands medewerking staat maakten. Maar ik zie, dat ik uit ijver voor de zaak te verre ga, en mij inlaat in eene aanprijzing van dezelve, die minder het onderwerp onzer beoordeeling moet zijn: de vraag, of er gelden uit de schatkist voor moeten gegeven worden, is alleen van onze competentie, en *ja* antwoord ik daarop."

»Het is geen werk voor nageburen of omliggende grondbezitters, deze zijn reeds óverbelast in al de Rijks lasten: dit is één- en andermaal bewezen, toen wij over de grondlasten beraadslaagden; deze zijn bovendien nog zóódanig gedrukt door molen-, polder- en andere ongelden, dat abandonneren van hunne bezittingen eerder het voornemen zoude zijn, dan nieuwe lasten te dragen; met grond dus mag men 's Rijks hulp in dezen zoo goed vragen en verwachten, als wij jaarlijks andere provinciën, zoo als Zeeland en Overijssel, in verhouding tot de overige, overwigtige aandeelen zien trekken bij de begrooting in de waterwerken van het geheel; en let men er dan op, aan wie de eindelijke voordeelen van de opbrengsten der drooggemaakte gronden zullen baten, is het dan niet in de Rijks cassa, dat verre het meerendeel van al de directe en indirecte belastingen, die door de zich aldaar te vestigen bevolking zullen opgebragt worden, zullen vloeijen?"

»Eene zwarigheid nog moet ik opnemen, die noch bij de commissie bovengemeld, waar de bezwaren der stad Leijden door de welwillendheid van Z. M. zijn ingezonden geweest, noch in de aanmerkingen der afdeelingen is geopperd, maar nu voor het eerst in de beraadslaging is opgekomen tegen de droogmaking van het Haarlemmermeer, [104]en deze is: dat dit Meer een eigendom dier stad zoude zijn, en die stad niet gehoord zoude zijn in dezen."

»Het is waar, er was in die commissie geen lid van de Regering dier stad, hoezeer de Secretaris van dezelve als lid van Rhijnland daarin zitting had. Het punt van eigendom is niet geopperd, zeide ik; doch was dat opgegeven, wel nu, het antwoord zoude zijn geweest, als men dan dien eigendom bewees: Gij, eigenaar! zorg dan, dat uw eigendom niet schade aan derden. En hoe hoog dit nu opgevijzeld is, even sterk zoude die stad dit eigendoms-regt zoeken af te schuiven, wanneer al de gelden, die het Rijk, Rhijnlands bunderpligtigen en alle zij, die schade door de Meer-wateren geleden hebben of lijden, moeten dragen, betaald zijn, op die stad eens verhaald wierden. Ik geloof dus weinig aan dat bezwaar te mogen hechten, en juiche toe, dat wij eene grondwet hebben, die in art. 215 het toezigt over die werken aan den Koning opdraagt, om die eigenaren, die door veronachtzaming van het onderhoud van hunnen eigendom anderen schaden, op den regten weg te brengen. Wat het hooren betreft, kan ik hier nog bijvoegen, dat de commissie, alléén op de vraag dier stad, een' duiker ter inlating van water van den IJssel heeft voorgedragen, en daartoe is besloten, al zijn de kosten niet in de raming opgenomen. En waarom niet? omdat die stad niet, even als Rhijnland voor de verbetering van het ja thans niet voldoende, maar nu verbeterd zullende worden Katwijks kanaal, eene begrooting en raming van kosten heeft opgegeven."

»Er is in de afdeelingen ook gesproken van den wederstand, welken die droogmaking ondervindt bij twee adressen aan deze Kamer ingezonden. Wat betreft het eene van den Heer VAN PALLANDT, dit is eigenlijk niet tegen de droogmaking zelve, maar tegen de wijze hoe, en behoort dus geheel bij de administrative en niet bij de [105]wetgevende magt; deze Kamer kan toch wel niet beslissen, of er een stoomwerktuig te Sparendam al dan niet moet komen. Het andere van eenige grondeigenaars, waaronder een lid van Rhijnlands Bestuur, een Bestuur dat, hoe groot in magt en hoe groot in dezen ook opgevijzeld, inderdaad dan toch maar is een Polderbestuur in het groot, alleen in de middelen van uitvoering werkzaam door omslag en poldergelden door de grondbezitters opgebragt: ik zeg dit om te doen gevoelen, dat al die grondbezitters met ernst moeten wenschen, dat die al klimmende omslagen mogen verminderen, en dat vooruitzigt is er nu, dat er een breidel zal gelegd worden aan de verwoestingen van dien waterplas. Elk hunner te hooren was onmogelijk, hun aller vertegenwoordigers zijn gehoord, heb ik gezegd en herhaal ik; dus zal dat adres dan ook wel van geen overwigtig belang te beschouwen zijn."

»Stond deze zaak nu eindelijk op zich zelve, met ernst en ijver zoude ik de wet voor aannemelijk verklaren; maar, helaas! al te veel bezwaren ontmoet ik om over te stappen, om er dit ééne deel van te verkrijgen. Want behalve het reeds vroeger door mij gezegde over andere bezwaren, zoo is er nog een hoofdargument tegen, en dat is wel het voornaamste; (want over die kleine wegen en andere werken zal ik nu kortheidshalve maar niet spreken:) ik bedoel het financiëel gedeelte zelf en niet zoo zeer de grootte der sommen, die benoodigd verklaard worden; want geene sommen zijn te groot, als de vruchten daarvan zoo blijkbaar zijn te verwachten, dat alle twijfel over dezelve wegvalt; maar over het bezigen hiertoe van gelden, die moeten voortspruiten uit fondsen, aan welke eene vaste bestemming is gegeven en niet dan onzeker terug zullen zijn gekomen, dán en wanneer die benoodigd zullen zijn. Dit onderwerp nu nader te ontwikkelen [106]zoude ik met welgevallen doen; maar in de processen-verbaal der afdeelingen en door vorige sprekers is hetzelve reeds zóó uiteen gezet, dat ik mij daarvan als nu vermeen te mogen onthouden, te meer, daar ik U Edel Mogendens aandacht welligt reeds te lang heb bezig gehouden."

»Ik moet tot mijn leedwezen derhalve Z. M. verzoeken, de wet in nadere overweging te nemen, enz."

Eindelijk verdedigde Z. E. de Minister van Financiën Jr. BEELAERTS VAN BLOKLAND, die tevens Lid der Kamer is, de wet, en zeide met betrekking tot het Haarlemmermeer:

»Een ander gewigtig doel van het in beraadslaging zijnde wetsontwerp is het droogmaken van de *Haarlemmermeer*. Deze groote waterplas, die reeds in vroeger jaren, ja, ik mag wel zeggen in vroeger eeuwen (want reeds ten tijde van Prins *Maurits* werd de noodzakelijkheid ingezien), zoo veel stof tot bezorgdheid heeft opgewekt, is hoe langer hoe dreigender geworden, en de stormen in 1836 en het begin van 1837 hebben het gevaar al meer en meer aanschouwelijk gemaakt. De Regering, aan haren pligt tot 's Lands behoud getrouw, heeft dan deze gewigtige zaak tot een onderwerp van gezet en naauwkeurig onderzoek gemaakt, waarvan het ontwerp, aan U Ed. Mog. bekend, de uitkomst is; alle belangen zijn daarbij in het oog gehouden en zoo veel mogelijk vereenigd. Dit is het voordeel van een Bestuur op éénheid gegrond, dat tegenstrijdige, plaatselijke of bijzondere belangen, die in onze vorige staatsgesteltenis zoo dikwijls algemeen nuttige inrigtingen tegenhielden of dwarsboomden, aan het algemeen belang ondergeschikt kunnen worden, of liever, zonder schending van bijzondere regten zich in het algemeen belang en in het algemeen welzijn oplossen. Dezelfde redenen, die ten aanzien der ijzeren spoorwegen mij wederhielden in vele bijzonderheden te [107]treden, wederhouden mij ook daarvan met betrekking tot dit groote werk, welks nut en noodzakelijkheid door kundige en bevoegde beoordeelaars algemeen is erkend: zoodra de commissie, met die taak belast, dezelve had afgewerkt, heeft de Regering niet gedraald in hare poging tot verwezenlijking eener zaak, die voor het geheele Rijk van het grootste belang is, omdat zij een groot gevaar zal afwenden, omtrent 17,000 bunderen lands aan het water zal ontwoekeren, en den algemeenen lands rijkdom zal vermeerderen. Maar is die noodzakelijkheid dan thans zoo dringend? Ik antwoord zonder aarzeling, *ja*: die noodzakelijkheid was reeds lang dringend, en wordt het dagelijks meer; vroeger konde de zaak niet worden bij de hand genomen, omdat het onderzoek moest voorafgaan; tot langer uitstel is geene reden, want dezelfde vraag, of het nu zoo dringend noodig is, kan even goed in een volgend, in een tweede, in een derde jaar, enz. gedaan worden, en zoude een uitstel tot een' onbepaalden tijd kunnen worden gerekt, tot het welligt te laat zoude zijn, en de verwezenlijking moeijelijker en kostbaarder zoude worden: gelijk één laatste druppel waters eindelijk den emmer doet overloopen, die lang vermeerdering bij stralen heeft verdragen, zoo kan één noodlottig oogenblik, door niemand te berekenen, onherstelbare rampen veroorzaken. Om deze of gene beschouwingen van ondergeschikt belang, behoort het aanvangen der zaak niet te worden uitgesteld, die kunnen in den voortgang der uitvoering worden in aanmerking genomen, en naar bevind van zaken daaromtrent worden te werk gegaan; want men zal toch de Regering niet zoo gedachteloos vooronderstellen, van niet op alle belangen, die ten dezen in aanmerking kunnen en moeten komen, te hebben gelet of te zullen blijven letten. Dat handelen naar bevind van zaken, gedurende het werk, verdient daarom niet met den naam eener gevaarlijke proefneming te worden bestempeld, zoo als in een der requesten is geschied; want wel verre, dat men de zaak aan proefnemingen zoude willen blootstellen, heeft men bij eene mogelijke gebeurtenis het hulpmiddel nevens de kwaal aangewezen. Dat ondertusschen dit gewigtig werk betere uitkomsten, in korteren tijd en met mindere kosten, dan wel vroeger was berekend, belooft, zal niemand behoeven te verwonderen, die de kracht van den stoom in aanmerking neemt: eene beweegkracht, welke onze voorouders niet gekend hebben, maar almede van den voortgang in beoefenende wetenschappelijke kennis getuigt, en zoo veel toebrengt tot de vervulling van tallooze behoeften en genietingen des levens."

»Maar heeft de Regering, met gemeen overleg der Staten-Generaal, wel het regt tot deze droogmaking? Deze bedenking, door een' geacht spreker in het midden gebragt, is zeker van gewigt, en verdient dus eene bijzondere beantwoording: aan de stad *Leijden* zoude de eigendom der *Haarlemmermeer* toebehooren; zij had dien *titulo oneroso* verkregen, en kon derhalve, zonder hare toestemming, daarvan niet worden ontzet; zij was ondertusschen in hare belangen niet gehoord, evenmin als *Haarlem* en het Hoogheemraadschap van *Rhijnland*. Ik antwoord daarop: 1°. dat het niet juist is te zeggen, dat die steden en het Hoogheemraadschap niet zouden gehoord, of niet in de gelegenheid gesteld zijn geweest, derzelver belangen te doen gelden; het collegie van Rhijnland is geraadpleegd over het benoemen van twee leden uit deszelfs midden in de commissie om dit werk te onderzoeken en daaromtrent te advijzeren; de Heeren DE BRUIJN KOPS en DU PUI zijn daarop gedesigneerd en benoemd, omdat de eerste was Burgemeester van *Haarlem*, de tweede Secretaris van *Leyden*, en dus, zoo in die hoedanigheid, als in betrekking van Hoogheemraden, in staat waren, de [109]belangen dier steden en van Rhijnland te doen gelden, gelijk die ook in aanmerking zijn genomen. 2°. Wat den eigendom van *Leyden* betreft, wilde ik wel eens weten, of die stad voor de *Haarlemmermeer* zich in de grondbelasting heeft aangegeven, gelijk zij verpligt zoude zijn indien zij eigenaresse was van dien waterplas, want water is zoowel in het kadaster begrepen als land; maar te regt is zij in de grondbelasting niet aangeslagen, omdat zij geen' eigendom van de Meer heeft. 3°. Al wat uit de voorgelezene oude oorkonden blijkt, is, dat zij indertijd gekocht heeft *het vroon*, dat is de visscherij in een groot gedeelte van de Meer: wat kan daaruit op zijn hoogst volgen? Dat zij het regt op die visscherij behoudt, zoo lang de Meer water blijft. Zij is van dezelfde conditie als ieder ander visscher, arm of rijk; maar de droogmaking dáárom tegen te houden, daartoe bestaat geen regt; indien hier een eigendom bestaat, dan staat daartegen over het regt van onteigening ten algemeenen nutte, en de uitoefening van dat regt, volgens de nog bestaande wet van 1810, kan niet verhinderd worden, maar eene vraag van schadeloosstelling doen ontstaan volgens de grondwet en het gemeene regt. Dergelijke belangen zijn ook niet uit het oog verloren: opzettelijk is daarover in het algemeen het Departement van Justitie geraadpleegd, en de uitkomst van dat onderzoek is geweest, dat de zaak daarom niet behoefde opgehouden te worden, maar dat elke opkomende reclame zoude moeten worden onderzocht, elks regten, hetzij bij den gewonen regter, hetzij elders, overwogen, en daarop regt gedaan, zoo als bevonden zoude worden te behooren. 4°. Geen bijzonder belang kan het algemeen belang in den weg staan; zij zijn voorbij, die rampzalige tijden, toen eene enkele stad de nuttigste en in het algemeen belang noodzakelijkste werken konde verhinderen; zij zijn voorbij, [110]en gelukkig voorbij, die tijden, toen de stad *Leijden* aan hare gedeputeerden ter staatsvergadering van *Holland* de instructie konde geven en met eede doen beloven, dat zij nooit in de droogmaking der *Haarlemmermeer* zouden toestemmen. Wij, Ed. Mog. Heeren! hebben een' anderen eed afgelegd: wij zijn als leden der Staten-Generaal verbonden, het algemeen belang met al ons vermogen te bevorderen, zonder ons door provinciale, plaatselijke of bijzondere belangen daarvan te laten aftrekken."

»Welke, de voordeelen dezer droogmaking zullen zijn, behalve het beveiligen van een groot gedeelte des lands, en daaronder de hoofdstad des Rijks, tegen een onherstelbaar verderf, is niet wel *a priori* met eene volledige, dat is onbetwistbare juistheid te berekenen; maar wanneer men aanneemt, dat de droog gemaakte landen, door elkander gerekend, ƒ 200,—per bunder kunnen opbrengen (door sommigen wordt die prijs op veel meer, door anderen op minder berekend), dan verkrijgt men voor de 16,700 bunders eene som van drie millioen drie honderd veertig duizend gulden; dit mag wel eene goede opbrengst geacht worden voor een werk, waarvan de kosten negen millioen kunnen hebben beloopen: maar dit is slechts een aanvankelijk voordeel uit de eerste schepping (om het zoo te noemen) dier landen te verwachten; die landen nemen ná de droogmaking en bebouwing in waarde toe; kudden vee worden op dezelve ter grazing geweid; het zuivel wordt in eene groote hoeveelheid vermeerderd; veldvruchten van verschillenden aard worden er geteeld; fabrijken worden er welligt hier en daar gevestigd; woningen en andere getimmerten worden er gebouwd; dorpen rijzen op; allerlei neringen en bedrijven komen er aan den gang; en terwijl het land aan het water zal ontwoekerd zijn, vinden daar duizende nijvere ingezetenen werk, duizenden worden aan armoede [111]onttogen; van al deze vermeerderingen van welvaart, plukt het algemeen de schoonste vruchten, en deze werken weldadig op de schatkist terug, aan welke onderscheiden opbrengsten in reëele en personeele, directe en indirecte lasten toevloeien, welke dus ongevoelig de gemaakte kosten vergoeden. Eene verlichte Regering, welke dit werk zal hebben te weeg gebragt, en eene even verlichte volksvertegenwoordiging, welke door eene onbekrompene medewerking de Regering daartoe zal hebben in staat gesteld, zullen zich bij eene dankbare nakomelingschap eene eerzuil hebben gesticht, duurzamer dan metaal of marmer."

»Eene derde soort, enz.92"

»Ik heb de hiervorenstaande redevoeringen gegeven, zoo als zij in de *Nederlandsche Staats-Courant* zijn geplaatst93. Men ziet uit dezelve, dat ik bij den aanvang [112]niet ten onregte zeide, dat van de vijftien Leden, »die over de voorgestelde wet het woord hebben gevoerd, er niet één is geweest, die zich *tegen* de droogmaking van het Meer heeft verklaard, ja dat de meeste hunner het het vewezenlijken van dit zoo lang reeds beraamd plan wenschelijk hebben genoemd." — De voorgedragene wet is met 46 stemmen tegen 2, zijnde die van de Heeren BEELAERTS VAN BLOKLAND en WEERTS, afgestemd. — Mag men geruchten gelooven, dan houdt de Regering zich nog steeds onledig om dit plan te verwezenlijken, en zou Z. M. — wiens belangstelling in alle nuttige ondernemingen nog dezer dagen, door het Besluit tot het aanleggen van eenen ijzeren spoorweg naar *Arnhem*, op nieuw gebleken is, — den Minister van Binnenlandsche Zaken hebben gelast, om eenige proeven te doen nemen, ten einde te geraken tot de bepaling der beste wijze van uitvoering dier onderneming, ingeval men mogt besluiten, om daarmede eenen aanvang te maken. Is dit zoo, dan mogen wij ons vleijen, dat nog in onzen leeftijd die inwendige vijand, gelijk men het *Haarlemmermeer* met regt mag noemen, zal worden ten ondergebragt: en dat nog eenmaal het nageslacht, het alsdan bloeijend *Haarlemmermeer*, welig bebouwd en talrijk bewoond, aanschouwende, met dankbaarheid aan de zorgen van het voorgeslacht zal denken. De *Allerhoogste* schenke hiertoe Zijnen zegen!

AMSTERDAM, 1838.

Candore et ardore.

1 Mr. J. VAN LENNEP, *de IJzeren spoorweg van Amsterdam op Haarlem, lierzang, den Aanleggeren en Begunstigers daarvan toegezongen.* Amsterdam 1837.

2 Wij weten, dat BILDERDIJK zeer ongunstig over de gevolgen van het droogmaken van het Meer dacht (zie *Geschiedenis des Vaderlands*,

I Dl., Blz. 25). Haar hij dacht even ongunstig over de vroegere bedijkingen in ons Land en noemde onze vooronders *vernuftige landbedervers*, van welke blaam de Heer Mr. S. DE WIND hen in een stukje, geplaatst in den *Zeeuwschen Volks-Almanak* voor dit jaar, Blz. 93-101, getracht heeft te zuiveren.

3*Tegenwoord. staat der Nederl.*, Deel VI, (*Holland*) Blz. 164 en volg. *De Baron*VAN LIJNDEN, verhandel. over de Haarlemmer-Meer, Blz. 38-40, en G. NIEUWENHUIS, *Algemeen Woordenboek*, op het woord *Haarlemmer Meer.*

4 Volgens het plan van 1742, zou men rondom het Meer eenen dijk hebben moeten leggen, ter lengte van 13830 roeden. Men berekende, dat men alsdan 19000 morgen droogen grond, en hieronder 8000 morgen aan landerijen zou bekomen en bovendien nog eenen verkleinden waterboezem van 9000 morgen behouden, om daarin het overtollig polder- en ander water van *Rhijnland* te lozen. Voorts zou men rondom den dijk eene *ringvaart* doen loopen voor de schepen, die van *Sparendam* naar de *Oude Wetering* varen. Men stelde, dat tot het uitmalen 112 zware achtkante steenen molens benoodigd zouden zijn, en de kosten der geheele onderneming 6,631,000 galden zouden bedragen.

5 Verhandeling van den Baron VAN LIJNDEN, bl. 5 en 6.

6 In de Vaderl. Letteroef. voor Dec. 1837, N°. 15, is geplaatst *eene* lezenswaardige *bijdrage over*J. A. LEEGHWATER, door den geleerden M^r. S. DE WIND, even als de onze getrokken uit 's mans werken. Ook in het *Aanhangsel op het Algemeen Woordenboek* van G. NIEUWENHUIS vindt men een goed gesteld artikel over LEEGHWATER, en in den *Avondbode* van 10 Jan. 1838, N°. 53, wordt hij mede in het mengelwerk vermeld.

7 Kl. Kron. bl. 11, N°. 14.

8 Kl. Kron. bl. 6, N°. 5 en bl. 10, N°. 5. Zij had, zoo als hij N°. 7 zegt, gezien zes van hare eigen kinderen, 47 kinds-kinderen, 63 over-kinds-kinderen en nog 26, die aan deze getrouwd waren, makende te zaamen 142, behalve nog andere 26, die gestorven waren.

9 Hij schreef zich ook wel LEEG-WATER en LEECH-WATER. De Redacteur van den Konst- en Letterbode, N°. 18 van het jaar 1807, bl. 276, wil den naam afleiden van *Laagwater*: »Ongetwijfeld," zegt

hij, »is die naam ontleend, hetzij van zijne kunst, om onder of beneden het water zich eenigen tijd op te houden, en aldaar eene verscheidenheid van werkzaamheden te verrigten, of van een' der voornaamste takken van zijn beroep en velerlei handwerk: het woord *leeg* of *leegh*, overeenkomstig de uitspraak bij de Noord-Hollanders, zelfs op vele plaatsen tot heden, die de dubbele *a*, in verscheiden woorden, als eene dubbele *e* uitspreken, en wel volgens oud gebruik met bijvoeging van de *h*, *leegh* geschreven wordende."

10 Kleine Kronijk, bl. 10, N°. 9.

11 Bl. 12, N°. 23.

12 Ald. bl. 14, N°. 32.

13 Haarl. Meerboek, N°. 41; kl. kr. bl. 27 en volg. N°. 1–16.

14 Zie Haarl. Meerb. N°. 41, kl. kron. bl. 40, N°. 50 en vergelijk Leven van FREDERIK HENDRIK. (II Deelen in 8vo. van het jaar 1737). I[ste] Deel, bl. 259, 269 en volg.

15 Haarl. Meerb. N°. 42.

16 t. a. pl.

17 t. a. pl. N°. 43.

18 Deze kunst schijnt echter geene nieuwe uitvinding te zijn geweest, maar reeds bij de ouden bekend, zoo als men zien kan bij WITSEN, *Aeloude en Hedendaagsche Scheepsbouw*, bl. 287, gelijk de Heer Baron COLLOT D'ESCURY, in het VI[de] Deel van *Hollands roem*, bl. 74, in de noot opmerkt.

19 Deze PIETER PIETERSZ. was den 20 Januarij 1574, en dus een jaar vóór LEEGHWATER, te *Alkmaar* geboren en bekleedde verscheidene jaren het Leeraarambt bij de Doopsgezinden, eerst in de *Rijp* en naderhand te *Oost-Zaandam*, en stierf in 1651. Men vindt zijne afbeelding in het II[de] Deel der Nederduitsche Vertaling van de *Geschiedenis der Mennoniten* van HERMANNUS SCHIJN, door GERARDUS MAATSCHOEN, alwaar men ook (bl. 588–596) een verslag van de door hem uitgegevene werken aantreft. Vóór 's mans *Opera Omnia* (tweemalen, in 1650 en 1666, in 4to. uitgegeven) is een kort levensberigt van hem geplaatst. Vergelijk ook *Konst- en Letterbode*, t. a. pl. bl. 277.

20 Aldaar bl. 41 en volg. Niet, zoo als de Heer Baron COLLOT D'ESCURY, t. a. pl. bl. 73 zegt, achter het *Haarlemmermeerboek*. Zie mede over dit waterduiken van LEEGHWATER: MEERMAN op DE GROOT, *Parall. Rerumpubl.* Deel II, Hoofdst. 20, bl. 441 en volg., en *Bijdrage* van den Heer DE WIND, in het bovenvermeld N°. *der Letteroef.*

21 N°. 18, bl. 278 en volg.

22 Denkelijk *te nyeuwte*, gelijk hier onder.

23 Dit cachet of zegel, hetwelk van rood was is geweest, is door verloop van tijd en veelvuldige behandeling bijna geheel afgesleten en verbrokkeld.

24 *Konst- en Letterbode* t. a. pl. bl. 280.

25 Zie boven bl. 18, N°. 5 en bl. 22, N°. 9.

26 Niet onaardig zijn de aanmerkingen, welke hij bij sommige dier plaatsen maakt: men kan er veelal den onderzoeker uit ontdekken. Zoo zegt hij b.v. bij *Keulen*: »Eene treffelijke Stad, daar heb ik de toren gemeten, die is 78 voet dik in het vierkant, hetwelk de dikste toren is, dien ik gezien heb. Behalve dien, heb ik mede de torens van *Utrecht*, *Mechelen* en *Antwerpen* wel gemeten, die zijn 68 voet dik, en de nieuwe toren, die nu te *Amsterdam* aan de Nieuwe Kerk gemaakt wordt, is 64 voet dik." Bij *Goddorp* »'t Hof van Holstein, aldaar ik in de Hofkerk het schoonste Muzijk gehoord heb, daar ik mijn leven bij geweest hen, aldaar ik mede verscheiden malen met den Hertog van Holstein gesproken heb, dewelke een zeer bequaam Man is van zeden en manieren."

27 Verhand. bl. 42.

28 Eene, *Haarlem* 1669 in 8°., in *de opgave van Beschrijvingen der gewesten, steden en plaatsen in het Koningrijk der Nederlanden*, door Mr. J. T. BODEL NYENHUIS, geplaatst in den *Vriend des Vaderlands*, IV Deel, N°. 4; en eene, *Haarlem* 1706, in 12mo. in het *Naamreg.* van R. ARRENBERG, bl. 243.

29 Zie ook Avondbode van 16 Januarij 1838.

30 Deze drukken van 1654, 1714 en 1727 worden ook vermeld door mijnen vriend BODEL NYENHUIS in de 2de lijst zijner voornoemde opgave, *Vriend des Vaderlands*, D. V., N°. 3. Zij zijn alle in 4to. en te

Amsterdam uitgegeven. Ik zag ook een' druk van 1669, uitgegeven te *Saerdam*, geplaatst achter den 7^{den} druk van het Haarlemmer-Meerboek. Het is niet onwaarschijnlijk, dat deze kronijk, na den jare 1654, telkens gelijk met het Meer-boek is herdrukt.

31 Amsterdam bij DOMINICUS VAN DER STICHEL, 35 bl. in 4º.

32 De Heer VAN LIJNDEN verh. bl. 43; en het aanhangsel op het woordenboek van NIEUWENHUIS zeggen, dat het werkje in 1640 voor het eerst uitkwam; doch dit is eene vergissing. De Schrijver van het artikel in den *Avondbode* noemt het jaar 1643; doch verkeerdelijk. De Heer DE WIND vermoedde te regt, dat die eerste uitgave vóór het laatstgenoemde jaar heeft plaats gehad.

33 Amst. bij V. D. STICHEL, 42 bl. in 4º. Zie ook COLEVELT'S*bedenkingen*.

34 Deze wordt ook vermeld in den Catal. der boeken van JACOB KONING, II Deel, bl. 214, Nº. 569. Hij was de laatste, die door LEEGHWATER zelven werd nagezien, en naar welken al de volgende uitgaven zijn gedrukt.

35 Bij WILLEM WILLEMSZ. te *Saerdam*, 48 bl., in 4º.

36 Te *Amsterdam*, bij P. VISSER, J. V. HEEKEREN en J. GRAAL, mede 48 bl. in 4º. BODEL NYENHUIS zegt, in zijne 2ᵉ lijst, te *Haarlem*.

37 Amsterdam bij VISSER. Zie Catal. der boeken, van J. KONING, IIᵉ Deel, bl. 214, Nº. 570 en 571.

38 Amst. bij P. VISSCHER. Zie *Naamregister* van JOH. VAN ABKOUDE, I Deel, bl. 209.

39 Van deze maakt de Heer VAN LIJNDEN (*verh.* bl. 43) gewag. Zij komt ook voor in de *Biblioth.* MEERMAN. T. III, p. 180, Nº. 771.

40 Amst. bij T. BEEK; zie *naamregister* van R. ARRENBERG, bl. 243. Deze druk is waarschijnlijk dezelfde als die, welke door VAN ABKOUDE, in het 2ᵉ aanhangsel op zijn register, bl. 92, wordt gezegd van 1750 te zijn; bij dezen of genen bestaat waarschijnlijk eene drukfout. Nog kwam ons dezer dagen in handen een exemplaar, op welks titel het jaartal 1764 wordt vermeld; doch daar mede op dien titel staat *twaalfde druk*, houd ik die uitgave voor dezelfde als die van 1749 of 1750, alleen met eenen nieuwen titel, hetgeen in die dagen niet ongebruikelijk was, indien het *kopij-regt* van eigenaar

veranderde. De Heer Baron DU TOUR zegt in zijne *verhandeling over het Haarlemmermeer*, bl. 40, dat de Boekhandelaar JOH. SCHOUTEN, te *Alkmaar*, in 1819, eigenaar van het *handschrift* van LEEGHWATER was. Ik heb er te vergeefs onderzoek naar laten doen.

41 Zie ook den boven aangehaalden *Avondbode*.

42 Men verwondere zich niet, indien men bij mij veel aantreft, hetgeen ook de Heer DE WIND in zijne meergen. *Bijdrage* heeft. Wij hebben beide uit dezelfde bron moeten putten.

43 In den *Konst- en Letterbode*, t. a .pl. bl. 277, worden behalve van deze PIETER en TRIJNTJE LEEGHWATER, nog melding gemaakt van hunne broeders SIJMEN en CORNELIS. Beide laatsten zijn echter overleden, gelijk ook de aldaar vermelde Wed. van JAN CORNELISZ. LEEGHWATER in 1810 gestorven is.

44 Men vindt eene afbeelding en beschrijving van dezen penning bij VAN LOON, *Beschrijv. der Nederl. Histor. penningen*, II Deel, bl. 193, N[o]. 1. Ook in den *Konst- en Letterbode* van 1807 wordt hij in de noot bl. 277 beschreven.

45 Deze afbeelding heb ik mede doen plaatsen in de mengelingen van N[o]. 5 van het Maandschrift *de Gids* voor dit jaar.

46 CLAES ARENTSZ. COLEVELDT. Hij was *publiek Landmeter*.

47 Te Leiden bij J. A. VAN ABCOUDE, in 4[to].

48 Te Leiden, bij DANIEL GOETVAL, 40 bl. in 4[to]. met eene kaart.

49 Deze C. VELSEN was ook schrijver van een werkje *tegen VAN DEN BURGGRAAF*, in 8[o]. Leiden 1744; en van eene *rivierkundige verhandeling, afgeleid uyt water-wigt- en waterbeweegkundige grondbeginselen, en toepasselijk gemaakt op de Rivieren: den Rhijn, de Maas, de Waal, de Merwede en de Lek, waarin de aloude en tegenwoordige toestand dier Rievieren overwogen, de gevaren die men uit derzelver verandering te dugten heeft, aangewezen en middelen ter verbetering van dezelve, en tot voorkoming van overstroomingen voorgesteld worden*; opgeheldert door naauwkeurige kaarten en platen, in gr. 8[o]., Amst. 1749 en 2[de] druk merkelijk vermeerderd, Harlingen 1768.

50 Men vindt in de *Tegenwoordige Staat* t. a. pl. eene zeer naauwkeurige kaart van de *Haarlemmer- en Leidsche-meren*, met aan-

wijzing der plaats gehad hebbende vergrootingen, van een plan van bedijking, enz.

51 Verh. bl. 44.

52 Over het *Haarlemmer-Meer* en zijne vergrootingen kan men wijders lezen bij S. VAN LEEUWEN, *Batav. Illustr.*, I^e Deel bl. 104, en volg. bij L. SMIDS, *Schatkamer der Nederl. Oudheid*, op het woord *Meren*, enz. De laatste maakt melding van een *provisioneel concept der bedijkingen van de Haarlemmer- en Leidsche-meren*, in 1641 uitgegeven; waarschijnlijk bedoelt hij hiermede het werk van VEERIS of van LEEGHWATER.

53 Er bestaat nog een zeer zeldzaam gedicht, tot opschrift voerende: *De Haarlemmer-meer* door D. SLOB, gedrukt 1763 in 4º. Deze SLOB was Schout van *Aalsmeer* en *Kudelstaart*, zoo als hij in dit gedicht zegt; de verzen zijn armzalig en geene vermelding waardig; doch uit den inhoud en vooral uit de aanteekeningen leert men de vrees der bewoners dier streken kennen, om eenmaal door het *Meer* geheel te worden verzwolgen. Ik zag door de gedienstigheid van mijnen vriend BODEL NYENHUIS het 1ste stukje van dit zeldzaam voorkomend gedicht, doch weet niet of er een 2de van is.

54 In het V en VI Nº. van den *Recensent der Recensenten* voor het jaar 1819, (bl. 190-208 en bl. 247-258), vindt men *eenige uittreksels uit echte stukken van kundige mannen, rakende het Haarlemmer-meer*, alle getrokken uit de *Nederl. Jaarboeken* van 1767, 1772, 1773 en 1774.

55 In de *Documens Historiques de la Hollande* van den voormaligen Koning van Holland, wordt ook over dit plan gesproken. In het III Deel, bl. 312 van de Hollandsche vertaling leest men: »Het droogmaken van het Haarlemmer meer omtrent 60,000 morgen: een zeer groot ontwerp, doch niet onuitvoerlijk en van een onbegrijpelijk nut. De plannen daartoe waren gemaakt en onderzocht door het Committé Central, hetwelk door den Koning was opgerigt." Voor 60,000 diende men hier 30.000 te lezen.

56 In 's Gravenhage en te Amsterdam bij de Gebroeders VAN CLEEF, 88 bl., in 8º.

57 Bij W. C. WANSLEVEN 1820, VI en 208 bl. in 8º., met eene afteekening van de bij het ontwerp voorgestelde molens, paalwerken, den ringdijk enz.

58 In 's Gravenhage en te Amsterdam bij de Gebroeders VAN CLEEF, XII en 324 bl., in 8º.

59 Leiden bij J. W. VAN LEEUWEN, 71 bl., in 8º.

60 Te Leiden bij D. DU MORTIER EN ZOON, 1821, 123 bl., in 8º.

61 In 's Gravenhage en te Amsterdam bij de Gebroeders VAN CLEEF, 1821, 123 bl., in 8º.

62 Te leiden bij D. DU MORTIER EN ZOON 1821, 250 bl., in 8º. met bijlagen en een plaatje.

63 Te 's Gravenhage en te Amsterdam bij de Gebroeders VAN CLEEF, 188 bl., in 8º. met tabellen en tafels.

64 Chez L. F. DE GREÉF-LADURON; 47 pages, en 8ᵉ. avec une carte.

65 Te Amsterdam bij C. G. SULPKE, 1838, 118 bl., in gr. 8º.

66 Onder het afdrukken dezes zijn in den *Avondbode* twee Artikelen over dit onderwerp geplaatst, en wel in die van 14 en 18 Mei 1838, Nº. 154 en 158.

67*Ned. Staats-Courant*, van 10 Aug. 1837, Nº. 187.

68*Ned. Staats-Courant* van 1 Maart 1838, Nº. 52. De Koninklijke Boodschap en het daarbij gevoegd Ontwerp luiden:

EDEL MOGENDE HEEREN!

»Bij het openen van de tegenwoordige zitting, is Ons voornemen te kennen gegeven om de medewerking der Staten-Generaal in te roepen, tot het nemen van maatregelen ten aanzien van wenschelijke verbeteringen in onzen waterstaat en in onze wegen en vaarten, en van eene meer bespoedigde gemeenschap met den Rhijn, door den aanleg eener ijzerbaan."

»Tot verwezenlijking van dat voornemen strekt het ontwerp van wet, hetwelk, vergezeld van eene Memorie van Toelichting, bij deze, door Ons aan UEdel Mogenden wordt aangeboden.

»En hiermede bevelen Wij UEdel Mogenden in Godes heilige bescherming."

's Gravenhage, 26ˢᵗᵉⁿ Februarij 1838.

(*get..*) WILLEM.

ONTWERP VAN WET, *omtrent de uitgifte van Losrenten op een gedeelte der schuld ten laste der Overzeesche Bezittingen, tot het doen van voorschotten voor openbare Werken.*

WIJ WILLEM, enz.

»Alzoo Wij in overweging hebben genomen, dat het aanleggen van een' *ijzeren spoorweg* van *Amsterdam* over *Utrecht* naar *Arnhem,* met een' zijtak van *Rotterdam* naar *Utrecht,* bevorderlijk moet zijn, zoowel voor de binnenlandsche gemeenschap, als voor het vertier naar buiten 's lands, gelijk ook dat het belang van den Staat vordert, om eerlang tot de bedijking en droogmaking van het *Haarlemmer Meer* over te gaan, en dat voorts tot de uitvoering en verbetering van andere ondernemingen van openbaar nut maatregelen behooren genomen te worden."

»Dat tot al deze werken, welke aan den handel, de nijverheid en den landbouw aanzienlijke voordeelen beloven, voorschotten gevorderd worden van een kapitaal, waarvan de voldoening der renten en ook later de teruggave van de hoofdsom uit de opbrengst van die werken kunnen worden verwacht."

»Dat het nog onuitgegeven gedeelte ten bedrage van *dertig millioenen gulden* van het kapitaal, daargesteld bij Art. 4 der wet van 24 April 1836, (Staatsblad N°. 11), tot het doen van de voorschreven voorschotten kan worden beschikbaar gesteld, doch tevens dienstbaar moet blijven ter achtereenvolgende voldoening van de schuld, waartoe hetzelve bij de gedachte wet is bestemd;"

»Dat tot de uitgifte van dat kapitaal nadere wettelijke bepalingen worden vereischt en dat de tegenwoordige stand van de rente het noodzakelijk maakt, om, ter verkrijging van de vereischte fondsen, gelijke maatregelen te nemen, als zijn vastgesteld bij de Wet van 11 Maart 1837, (Staatsblad N°. 9);"

»Zoo is het, dat Wij, den Raad van State gehoord en met gemeen overleg van de Staten-Generaal, hebben goedgevonden en verstaan, gelijk Wij goedvinden en verstaan bij deze:

»Art. 1. Het hier bovengemelde kapitaal van *dertig millioenen gulden,* zijnde het nog onuitgegeven gedeelte der schuld, ten laste van de Overzeesche Bezittingen, vermeld bij Art. 4 der Wet van 24 April 1836 (Staatsblad N°. 11), wordt bestemd en aangewezen tot voorloopige voorschotten ter goedmaking der kosten, vereischt tot het aanleggen van een' *ijzeren Spoorweg* van *Amsterdam* over *Utrecht* naar *Arnhem*, met een' zijtak van *Rotterdam* naar *Utrecht*; tot het bedijken en droogmaken van het *Haarlemmer Meer*, en tot het aanleggen en verbeteren van andere werken van openbaar nut."

»Art. 2. Op het voormelde kapitaal, tegen vier ten honderd opleverende eene jaarlijksche rente van een *millioen twee honderd duizend gulden*, zal successivelijk kunnen worden afgegeven een kapitaal van *vier en twintig millioen gulden* losrenten, rentende *vijf* ten honderd, waarvan de renten onvoorwaardelijk door het Rijk worden gewaarborgd; zullende deze losrenten achtervolgens worden afgelost en vernietigd, naar mate de uitgifte van de aandeelen in de schuld, ten laste van de Overzeesche Bezittingen, rentende vier ten honderd, wanneer die uitgifte tegen den cours van vier en negentig ten honderd of hooger zal kunnen plaats hebben."

»Art. 3. Het meergemelde kapitaal van *dertig millioenen gulden*, met de renten van dien, tot *een millioen twee honderd duizend gulden*, zal, zoo spoedig mogelijk, uit de inkomsten en baten van de voorschreven werken aan het Amortisatie-Syndikaat vergoed en tot het doel, waartoe hetzelve oorspronkelijk is daargesteld, teruggebragt worden; behoudende Wij Ons voor, om bij vroegere behoefte van het Amortisatie-Syndikaat, in de vergoeding van het meergedacht kapitaal met de renten, of van het dan nog onvoldaan gebleven gedeelte daarvan, te voorzien door al zoodanige geldelijke maatregelen, als verder tot dat einde en ter daarstelling, voltooijing of uitbreiding van de meer gemelde werken, onder verband der baten en inkomsten van dezelve, bij de wet zullen worden bepaald."

»Lasten en bevelen, enz."

69*Ned. Staats-Courant* van 1 Maart 1838, N°. 52.

70*Ned. Staats-Courant* van 26 Maart 1838, N°. 73.

71*Ned. Staats-Courant* van 28 Maart 1838, N°. 75.

72*Avondbode* van 13 Maart 1838, N°. 101 en *A. Handelsbl.* N°. 1983.

73 *Avondbode*, 27 Maart 1838, N°. 113. *A. Handelsbl.* N°. 1995.

74 *Ned. Staats-Courant* van 2 April 1838, N°. 79. *A. H. B.* N°. 2000.

75 Te weten de Heeren: Jr. E. P. DE LA COURT, Mr. J. B. H. VAN DEN MORTEL, Mr. P. A. VAN MEEUWEN, J. D. Baron VAN TUYLL VAN SEROOSKERKEN VAN HEEZE EN LEENDE, Mr. R. P. ROMME, wegens Noord-Braband. — Jr. W. L. F. C. VAN RAPPARD, E. W. VAN DAM VAN ISSELT, Mr. J. WEERTS, Mr. H. J. DYCKMEESTER, J. G. A. Baron VAN NAGELL TOT AMPSEN, Baron SCHIMMELPENNINCK VAN DER OYE VAN DE POL, wegens Gelderland. — Jr. Mr. A. WARIN, Jr. H. BACKER, Mr. J. H. VAN REENEN, Jr. G. BEELAERTS VAN BLOKLAND, Jr. G. CLIFFORD, Jr. M. W. DE JONGE, Mr. J. OP DEN HOOFF, Mr. W. J. JUNIUS VAN HEMERT, Jr. Mr. J. C. R. VAN HOORN VAN BURGH, F. C. W. DRUYVENSTEYN, Mr. F. FRETS, H. Baron COLLOT D'ESCURY VAN HEYNENOORD, Jr. Mr. D. HOOFT, JSZ., Jr. O. REPELAER VAN MOLENAARSGRAAF, Mr. G. VERWEY MEJAN, Mr. L. C. LUSAC, Mr. T. C. DE BORDES, Jr. D. F. VAN ALPHEN, W. Baron ROËLL VAN HAZERSWOUDE, Mr. W. B. DONKER CURTIUS VAN TIENHOVEN, Mr. J. CORVER HOOFT, wegens Holland. — J. SNOUCK HURGRONJE, Mr. J. G. HINLOPEN, wegens Zeeland. — J. VAN DEN VELDEN, W. R. Baron VAN TUYLL VAN SEROOSKERKEN VAN COELHORST, wegens Utrecht. — Mr. J. CATS EPZ., W. P. D. Baron VAN SYTZAMA, C. BINKES, S. VAN WELDEREN Baron RENGERS, Mr. T. S. TROMP, wegens VRIESLAND. — Mr. W. H. VIJFHUIS, Mr. F. LEMKER, Mr. A. SANDBERG en Mr. R. S. VAN DER GRONDEN, wegens Overijssel. — Jr. O. VAN SWINDEREN VAN RENSUMA, Mr. C. STAR BUSMAN en Mr. W. J. QUINTUS, wegens Groningen. — Van dezen was de Baron VAN SYTZAMA Voorzitter. — Er waren in het geheel 7 Leden afwezig, zijnde de Heeren Mr. J. L. A. LUYBEN, Mr. A. J. INGENHOUSZ, van Noord-Braband; J. J. H. VAN WICKEVOORT CROMMELIN, van Holland; Mr. P. J. BODDAERT, van Zeeland; Jr. Mr. H. M. A. J. VAN ASCH VAN WIJCK, van Utrecht; Mr. J. GOCKINGA, van Groningen en Mr. G. KNIPHORST van Drenthe.

76 Het eerste blad van dit ons geschrijf was reeds afgedrukt, toen de meeste der volgende redevoeringen in de Staats-Couranten het licht zagen.

77 *Ned. Staats-Courant* van 4 April N°. 81.

78 *Ned. Staats-Courant* van 7 April N°. 84.

79 *Ned. Staats-Courant* van 5 April 1838, N°. 82.

80 *Ned. Staats-Cour.* van 9 April, N°. 85.

81 *Ned. Staats-Cour.* 11 April 1838, N°. 87.

82 *Ned. Staats-Cour.* 12 April 1838, N°. 88.

83 *Ned. Staats-Courant* van 10 April 1838, N°. 86.

84 *Ned. Staats-Courant* van 14 April 1838, N°. 90.

85 Het *vroon* van; de *visscherije genaamd het vroon* van; de *vroonvisscherije* van de Graaflijkheid: *vroonmeester* van de Graaflijkheid, — zijn allen namen in oude plakkaten bekend en betrekkelijk tot de *visscherij.* Gr. Plak. Bk. IIde deel, pag. 2927 en VIIde deel, pag. 875.

86 *Ned. Staats-Cour.* van 17 April 1838, N°. 91.

87 *Ned. Staats-Courant* van 18 April 1838, N°. 92.

88 *Ned. Staats-Courant* van 19 April 1838, N°. 93.

89 *Ned. Staats-Courant* van 3 April 1838, N°. 80.

90 *Ned. Staats-Courant* van 20 April 1838, N°. 94.

91 *Ned. Staats-Courant* van 21 April 1838, N°. 95.

92 *Ned. Staats-courant* van 6 April 1838, N°. 83.

93 Onder het afdrukken dezer bladen zijn in den *Avondbode* (van 2 en 7 Junij N°. 170 en 174) AANTEEKENINGEN geplaatst *op de redevoeringen in de zitting der Staten-Generaal, van 2 April 1838, met betrekking tot de droogmaking van het Haarlemmermeer.* Deze aanteekeningen dragen de blijken van door eenen in het vak van den Waterstaat kundige en ervarene te zijn geschreven. Zij zijn hoogst lezenswaardig en zullen (vergis ik mij niet) de ongunstige indrukken, die de bedenkingen van het geacht Lid der Kamer, den Heer LUZAC, mogten hebben doen ontstaan, bij den lezer merkelijk verminderen. —

Na het afdrukken van bladz. 16, is mij in handen gekomen een derde druk van de *opera omnia* van PIETER PIETERSZ. van den jare 1698, (Amst. in 4°.) In de *Korte beschrijving van het leven* diens Doopsgezinden leeraars, vóór die *opera* geplaatst, vindt men geene vermelding van zijne *kunst van onder water te duiken.* Alléén op gezag van den *Redacteur van den Konst- en Letterbode,* van den jare 1807, bl. 277, heb ik hem als denzelfden PIETER PIETERSZ., die in het Octrooi van 1605, (hierboven bl. 23) wordt vermeld, opgegeven. In gezegd *Weekblad*, van den jare 1819, vindt men het een en ander uit het werk van LEEGHWATER medegedeeld.

HAARLEMMERMEER-BOEK.

[3]

BESCHRIJVING EN VOORBEREIDING TOT HET BEDIJKEN EN DROOGMAKEN VAN DE HAARLEMMER-MEER.

Om te vertoonen aan de Edele, Wijze, Voorzienige Heeren, de Staten van Holland, en aan Zijne Hoogheid den PRINS VAN ORANJE, enz. Ook mede aan de Edele Heeren Burgemeesteren, Raden en Regenten van de groote Steden Haarlem, Leiden, Amsterdam en Gouda. Desgelijks aan de Edele Heeren Dijkgraaf en Heemraden van Rhijnland. Dat zij, als overste bewindhebbers, gelieven hierin een weinig te speculeren, en mede helpen handhaven eendragtelijk te zamen met goeden raad en daad, om dit groote, treffelijke, heerlijke en lofbaarlijke noodwendige werk eens bij de hand te nemen en met Gods hulpe te mogen bedijken en voltrekken. Hetwelk zou dienen tot nut, profijt en voordeel van het gemeene beste voor het Vaderland.

Concordiâ res parvae crescunt. – Eendragt maakt magt.

VOORZIENIGE HEEREN!

Aan vele lieden, die in de nabijheid van Haarlem, Leiden en Amsterdam woonachtig zijn, is het [4]wel bekend, dat de *Haarlemmer Meer* nu tegenwoordig een groot, verderfelijk en schadelijk water is, gelijk eene binnenlandsche zee, die alle jaren eene groote afbreuk doet aan de omliggende landen en ingezetenen, gelijk een verslindende wolf, zoodat de vrees niet ongegrond is, dat het kind al geboren is, dat het zou kunnen beleven, dat die zelfde meer zoo veel zou inslijten, dat ze nabij de poort van Amsterdam zou komen, en verscheidene dorpen daar rondom geruïneerd zouden wezen. Dat men ook mede den Haarlemmerdijk aan de zuidzijde op verscheidene plaatsen met groote kracht van paalwerk tegen de Meer zou moeten houden. Hetwelk ik alhier navolgende bij verscheidene exempelen zal verhalen.

2. Verscheidene lieden van Aalsmeer hebben mij verhaald, dat bij hun leven, door deze Meer, eene groote menigte van Morgen-talen weggesleten is, bijna een kenning van het land af. Daarenboven is mij nog door twee geloofwaardige lieden verteld, dat het huis van hunnen vader had gestaan honderd roeden van de Meer, bij eenen landmeter gemeten, en dat tien jaren daarna het water van de Meer kwam tot aan het huis, zoodat men genoodzaakt werd het af te breken, zoodat in een jaar tien Roeden in de breedte werd weggespoeld. Te dien tijde gebeurde het ook, dat aldaar een bouwakker was gelegen van vijftien Roeden lang, die met een' grooten storm op éénen nacht gansch en geheel was weggespoeld.

3. Nog heeft mij WILLEM JANSZ. BRECHTEN van Aalsmeer [5]verhaald, dat zijn grootvader zich herinnerde, dat het land van de *Vennep* en het land van den *Ruigenhoek* zoo nabij elkander kwamen, dat men de slooten daartusschen met een' stok kon overspringen. Deze en dergelijke voorbeelden zijn er vele; doch het zou te lang zijn ze alle te verhalen.

4. Maar ik kan niet nalaten te melden, hetgeen mij de Secretaris van *Sloten* onlangs verhaalde, dat namelijk de Meer in de nabijheid van *Sloten* vijftig roeden lands in de breedte op één jaar weggenomen heeft. Dat, met een' ijsgang, het ijs, 45 treden in de breedte, onder het zwoord van het land was doorgeloopen. En wat meer is, zekere CRYN PIETERSZ, van Nieuwerkerk, had des avonds eene fuik in de Meer gezet, aan de schor van het land; toen hij des morgens de fuik wilde halen, vond hij het land door eenen grooten storm des nachts tien vadems weggesleten en ingeloopen.

5. CORNELIS JONKLAAS van Aalsmeer, oud 64 jaren, bij mij wel bekend, heeft mij in de maand Maart 1641 verhaald, dat hij met zijnen vader op den *Ruigenhoek* gegaan heeft, dat zijn vader hem aanwijzing deed van een huis en erve, dat aldaar gestaan had, en dat zijn vader zich herinnerde, dat daar nog van de Meer af 500 roeden lands vóór het huis waren, en dat, bij zijn leven, het huis en de erve met die 500 roeden lands gansch en geheel was weggesleten.

6. Nog heeft de voorzegde JONKLAAS mij bij die gelegenheid verhaald, dat zeker oud man, genaamd GERRITJE FEL, zich herinnerde, dat op eenen [6]nacht een zeker getal verdolven akkers was weggeloopen, hetwelk wel 40 roeden in de breedte was. Zoodat er

deze wolf altijd zijne klaauwen inslaat, en niet schroomt den eigenaars hunne landen te benemen.

7. In hetzelfde jaar, nu onlangs geleden, in de maand van October, ben ik geweest te Haarlem, alwaar ik met verscheidene burgers veel heb gesproken over den inhoud van mijn *Haarlemmer-Meerboek*, en over het bedijken van de Meer; toen ben ik ook gekomen bij eene oude vrouw, geheeten ANGENIETJE JACOBS, wonende in de kleine Houtstraat, die mij verhaalde, dat haar vader in zijn' tijd een stuk lands had, gelegen bij Hillegom, tegenover de *Vennep*, en dat daar nog twee groote stukken lands aan den Meerkant vóór lagen, en dat bij haars vaders leven die groote stukken lands gansch en geheel waren weggesleten.

8. Nog wist deze vrouw te verhalen, dat zij van hare voorouders dikwijls had hooren zeggen, dat het land van de *Vennep* en het land van *Hillegom* zoo digt aan elkander kwamen, dat men met een rafter of plank over de slooten kon gaan van de eene plaats op de andere.

9. Nog een zeker burger van Haarlem, geheeten JACOB JOOSTEN, die heeft mede, in den tijd van drie jaren, bij de veertig morgen lands op het westend van Aalsmeer verloren, die door het water van de Meer zijn weggespoeld.

10. Omtrent eene week daarna, alzoo ik begeerig was van de oude gelegenheid van de *Haarlemmer Meer* nog meer te weten, ben ik bij eenen ouden [7]huisman gekomen van Aalsmeer, dien ik voor dezen lang gekend heb, met wien ik veel heb gesproken. Deze verhaalde mij, dat hij in zijne jonkheid dikwijls met eene turfpont met zijn' vader over de Haarlemmer Meer gevaren had, en dat hij zich herinnerde, dat de oude kerk van *Rijk* bijkans een kenning van de Meer af stond, van welke kerk het kerkhof thans gansch en geheel is gesleten, en verre in de Meer ligt, omtrent honderd roeden van het land af. Ook wist deze oude man te verhalen, dat de mond van de Spiering-Meer in dien tijd naauwelijks half zoo wijd was, als hij nu tegenwoordig is.

11. Allen, die in deze omstreken van de Haarlemmer Meer bekend zijn, en eenige jaren daar van daan zijn geweest, en alsdan eens weder terug komen, zijn verwonderd, en staan bijkans of zij vreemd zijn, en die plaats nooit gezien hadden, door de groote verandering, die daar dagelijks geschiedt.

12. Nog een weinig tijds daarna hen ik gekomen bij den Secretaris van *Sloten*, aan wien ik dit voorgaande verhaalde, die tegen mij zeide, dat zijne voorouders wisten te zeggen, dat er nog eene kerk buiten deze weggesleten kerk van *Rijk* gestaan had, en dat toen men deze buitenste zuidersche kerk niet langer tegen het slijten van de Meer kon behouden, de Boeren besloten de kerk, die nu ook weggesleten is, meer landwaarts in te zetten, zoo verre als men een wit paard kon zien of beoogen, en meenden alsdan dat zij nu en altijd van het water van de Meer bevrijd zouden wezen, hetwelk [8]daarna geheel anders gebleken is, en te bezorgen staat, dat het hoe langer hoe slimmer zal worden.

13. Nog wist de Secretaris mede te verhalen, dat aldaar omtrent nog een oude dijk-stal in de Meer ligt, die de Konings- of Keizersweg genoemd wordt, vermits de Keizer in dien tijd er wel over gewandeld heeft.

14. Dit is mede nog heel notabel om aan te teekenen: na datum van dien heb ik eene groote kaart van Rhijnland gezien, welke geteekend was zoo als de *Haarlemmer Meer* van ouds geweest is, waarbij ook schriftelijk verhaald stond van de gelegenheid der zaken; dat in dien tijd de mond van de *Spiering-Meer* geheel digt was, en al te zamen heel land, en dat daar toen geene waterlozing bij het huis ter Hart was, en dat men toen met wagens van Haarlem af kon rijden, benoorden den Meerkant om, door *Vijfhuizen* en *Nieuwerkerk* op Amsterdam; desgelijks kon men mede rijden met den wagen van Haarlem af naar *Vennep*, met eene schouw over het Vennepper veer, naar den *Ruigenhoek*, en alzoo door Aalsmeer naar Amsterdam of naar Utrecht. Zoodat in alle manieren wel is te vooronderstellen en te verstaan, dat deze voorzegde Meer van oude tijden zeer klein en ondiep geweest is.

15. Zie hier nog eene verklaring, welke ik niet heb kunnen voorbijgaan. In de maand van November 1641 heb ik met een' zeker man gesproken, die mij verhaalde, dat hij in de maand van October tot Leimuiden geweest is, en gevaren van Leimuiden tot de Wetering toe, en voorts van de Wetering [9]door het Griet weder naar Leimuiden, en heeft het werk aldaar zoo ellendig en afgrijselijk gezien en bevonden, dat (God betere het!) zeer te beklagen is, dat die landen aldaar alle jaren zoo dapper afnemen, verminderen en

smal worden, en dat aldaar maar een Weerlands vóór de veendobben in de lengte vóór ligt; dat men dáár naauwelijks een' ringdijk en eene ringsloot zou kunnen maken, en dat, zoo de Meer nog eenige jaren zoodanig blijft liggen, en er dan een zware ijsgang uit het noordoosten of noorden komt, gelijk als ligtelijk gebeuren kan, de Meer alsdan dáár zou kunnen inbreken; zoo zou de Meer met de Drecht gemeen wezen, en alsdan zou de zeewolf zijne passagie in de veenen nemen, en doorwroeten dezelve aldaar zoo dapper met zijn onbesturig wezen, dat velen, die daaromtrent wonen, zouden moeten opbreken, en hunne woonplaatsen ruimen.

16. In het jaar 1642, omtrent Mei, ben ik weder over de *Haarlemmer Meer* gevaren naar Aalsmeer, en alzoo door het veld het oosteinde inkomende, heb ik die landen aldaar zoo ellendig bevonden, aan stukken en brokken. Een groot deel was met den beugel van de boeren uitgehaald, en het andere resteerende werd van de Meer gansch en geheel vernield en verslonden, hetwelk zeer droevig is om te zien. Ik ben alstoen weder bij mijne oude kennissen, WILLEM JANSZ BRECHTEN en ARENT BRECHTEN, gekomen, met wie ik veel gesproken heb van de omstandigheid van de Meer, welke mij verhaalden, dat daar bij een mans leven wel zóó veel lands, [10]benoorden Aalsmeer, van de Meer weggesleten is, als het land nu tegenwoordig breed is, dat tegen de Meer en het dorp Aalsmeer ligt.

17. Nog verhaalden mij deze lieden mede, dat zij wel 13 of 14 huislieden gekend hadden, die op den *Ruigen-hoek* woonden, die zij bij namen noemden, die aldaar huizen, erven en groote landerijen gehad hadden, dat welhebbende lieden waren, welke huizen, erven en landen nu gansch en geheel van de Meer weggespoeld en vernield zijn. Is dit niet droevig, en zeer beklagelijk, dat men in het midden van ons vaderland dit groote verderf moet zien en lijden, hetwelk men, menschelijker wijze, met Gods hulp wel beschutten kan?

18. Nog daarenboven verhaalden zij mij, dat zij een' oud man gekend hadden, wien het heugde, dat de *Zuid-Vennep* wel dertig morgen lands groot was, waar nu niet één voetstap van te vinden is.

19. Nog een notabel stuk, hetwelk onlangs geleden is, dat aldaar omtrent een stuk lands weggedreven is, daar vijf boomen op ston-

den en wiessen, gelijk de schippers getuigen, die over de Meer voeren en het zelve gezien hebben.

20. Nog in het jaar 1642 een zeker getuigenis, dat daar bij den *Ruigen-hoek*, achter Burgerveen, de Meer in twee nachten met een sterk onweder vijf en twintig roeden lands in de breedte afgenomen heeft, in de maand van Maart, den 13^{en} en 14^{en}, zijnde donderdag en vrijdag. Zoodat deze waterwolf alles verslindt en vernielt wat daaromtrent is.

21. Nog bovendien, wat zijn daar al menschen bij [11]mijn leven door het water van de Meer verdronken! Voor eenige jaren een koopman van Haarlem, genaamd JOOST CROMLIJN, met nog meer gezelschap, die bij hem waren, welke mede in de Haarlemmer Meer hun leven hebben gelaten.

22. Nog dat meer is, verscheidene burgers en huislieden, al hetwelk niet is op te noemen. Nog onlangs geleden, een visscher met zijnen zoon; behalve dien, eenige jaren geleden, een Oostindisch-vaarder, wien zoo vele groote zeebaren over het hoofd waren geloopen, die moest mede zijn leven op de Haarlemmer Meer zoo ellendig laten.

23. Dit komt mij nog in den zin, hetwelk ik niet kan voorbij gaan, van hetgeen dat mij zelven op de Meer wedervaren is.

24. Omtrent 22 jaren geleden, ben ik, JAN ADRIAANSZ. LEEGWATER, met mijn' oudsten zoon SIMON JANSZ. in den Haag geweest, om Zijne Hoogheid onzen Prins van Oranje MAURITS, zaliger gedachtenis, iets te communiceren en te spreken.—Toen ik mijne zaken gedaan had, zijn wij wederom gereisd naar Leiden, en des achtermiddags tot Leiden gekomen zijnde, zijn wij tegen den avond in een bierschip gegaan van Hoorn, nog meer gezelschap bij ons in het schip hebbende, om alzoo naar Haarlem te varen, en des avonds bij de Kaag komende, met een' sterken zuidelijken wind, en vermits de donkere nacht ons overviel, door de donkerheid een weinig vóór ons moesten zien, en alzoo de wind zoo dapper aanstijfde, zoo zijn wij tegen den lager wal aangekomen, en is het schip in den grond [12]gesmeten, en een groot deel van het bier gespoliëerd; onze spriet van boven nedervallende, zeer vervaarlijk en tot groot gevaar voor ons leven, en alzoo het land ondergevloed was door den aanpars van den sterken wind, zoo konden wij nergens ontvlugten, en zagen

geene uitkomst om ons te bergen, zoodat ons gezelschap den moed geheel verloren gaf, en riep: »hier zijn wij, daar wij sterven moeten, laat ons nu den Heere bidden!" Zoodat wij aldaar den ganschen winterschen nacht met groot gevaar, kommer en verdriet moesten overbrengen, en eindelijk toen de dageraad begon op te komen, en de wind begon te leggen, de schipper het schip herstelde met pompen en baleijen, zoo is het eindelijk daartoe gekomen, dat wij met ons gezelschap het schip hebben begeven, op het land gekomen zijnde, door het water heen geslobt, en zijn het alzoo door de genade Gods met het leven ontkomen.

25. Daarom laat ons deze perijkelen niet altijd ter zijde stellen en te ligt achten, daar het spreekwoord waar is:

> *Qui amat periculum peribet in illo.*
> Wie het perijkel bemint, die zal daardoor vergaan.

26. Dit is zeer schadelijk en bedenkelijk voor alle huislieden, die daaromtrent in de veenen wonen. Heeft deze Meer toen zij nog klein en ondiep was, en weinig kracht had, gelijk een kind, dat jong is, al deze geheele landen en lieden weggenomen en vernield, wat zal zij nu voortaan doen, nu dat zij groot en magtig geworden is, gelijk een jongeling, [13]die kloek en vroom (dapper) is, en nog alle jaren toeneemt tot zijne mannelijke kracht, en dan begint te komen aan de smalle stukken en brokken, die meest allen aan turf ondergraven zijn, en van zich zelve niet wel kunnen staande blijven, en alle dagen hoe langer hoe meer tot niet gemaakt en verdolven worden. Zij verslindt wel al de landen, die daaromtrent zijn, zoodat daar naauwelijks een tuinstaak op zijne regte plaats zal kunnen blijven, en zal de boeren aldaar tot arme slaven en bedelaars maken, zoodat zij kwalijk zullen weten waar zij henen zullen. In somma gelijk het al gezegd is, zoo de Meer in deze voortgaat:

> Zoo moet het veen daar heen,
> En de Boer komt in geween.

27. Dit is klaarblijkelijk te begrijpen en te verstaan, dat al dit weggesleten land meestal door de sluizen van het huis Ter Hart en Spa-

rendam naar het IJ geloopen is, en dat niemand daarvan profijt gehad heeft, gelijk ook te bedenken staat, dat de droogte van Pampus daar nog dagelijks door gevoed wordt, vermits de Zuiderzee zich dáár in de breedte begeeft, en de stroom geene scheuring of kil kan maken of houden, hetwelk zeer schadelijk is voor de zeevaart.

Bij voorbeeld:

28. Neem een' emmer en schep dien vol troebel water, en laat dan den emmer een' dag stil staan, en giet daar dan het klare water stillekens af, zoo zal daar eene groote kade slibber op den bodem blijven [14]zitten, hetwelk notoir is, en bij velen wel bekend. Even zoo is het met het vuile water en de slibber, dat uit de Haarlemmermeer komt; hetzelve moet mede zijne plaats hebben hier of daar, achter in die inwijken en in de hoppen, waar de stroom zijn' loop en gang niet heeft; want waar de kil naauw is, daar moet zij noodwendig hare scheuring en diepte houden.

29. Dit zal ik mede hierbij verhalen: de regte kil, te weten, het naauw tege den Volenwijk en Amsterdam, hetwelk, naar mijn gevoelen, zoo wèl en bekwaam van wijdte en diepte is, als men het redelijker wijze naar de natuur zou kunnen begeeren en wenschen, tot voordeel en profijt van de Zeevaart en van den Staat, hetwelk veel tonnen gouds voor Amsterdam waardig is, heeft daarbij zulk een' grooten achterboezem, het IJ en de Wijker Meer, dat de stroom daar altijd met eb en vloed heen en weêr voorbij Amsterdam moet zwieren, en mijns oordeels nog hoe langer hoe beter zal worden, vermits de zeegaten, het Texel en het Vlie hoe langer hoe wijder en grooter worden.

30. Om nu weder tot mijn voorgaand onderwerp, het bedijken van de Meer, te komen. Zoo iemand lust heeft mijn Meerboek door te lezen, zal hetzelve hem kundig maken, hoe men die groote schade kan voorkomen en verhoeden, en ook hoe men die treffelijke voordeelen en beneficiën, met Gods hulp, kan vinden en bekomen.

31. Merkt nu op alle liefhebbers, die het Vaderland beminnen, en neemt uw profijt wèl waar, [15]en wacht niet zoo lang tot dat het te laat is, opdat onze nakomelingen ons niet beschuldigen, dat wij den schoonen tijd verzuimd hebben, dien God ons gegeven heeft. Wie oogen heeft, die kan dit wel zien en bemerken, zonder verrekijker, dat het nu de regte tijd is, om dit groote werk bij de hand te nemen.

32. Naar mijn oordeel kan ik niet verstaan noch begrijpen, dat iemand tegen het bedijken van de Haarlemmer Meer iets zou kunnen hebben, of daardoor eenige schade zou kunnen lijden, maar wel dat men hierdoor grootelijks in alle manieren verbeterd, en niemand verhinderd noch verminderd zal zijn.

33. Even als het allernoodigst is, te zoeken en te zorgen voor de behoudenis der ziele, even zoo is ook de dagelijksche onderhoud en nooddruft noodwendig voor 's menschen leven.

34. Als dit schadelijk water aldus voort zal gaan, en hier geen schut wordt voor geschoten, zoo zal het land in weinige jaren zoo ellendig en schandelijk bedorven zijn, dat het niet zal zijn te remediëren. Want als de Meer begint te komen aan de smalle bedolven akkers, van welke vele geen vadem breed zijn, hetzij tot Kudelsteert, Kalslagen, het westeinde van Aalsmeer en vele andere plaatsen daaromtrent, zoo zal het wezen gelijk de kanker, of een kwaadzeer, dat altijd in zich zelf verrot en nimmermeer ophoudt, zoodat daar weinig of geen land aan de Meer zal blijven, om hier namaals een' dijk te kunnen maken, ingeval het hierna gebeurde, dat men de Meer door nood zou moeten [16]bedijken, of het ware, dat men verscheidene dorpen dáár wilde inhalen, hetwelk ongerijmd voorkomt en gansch niet gelegen. Derhalve zal het noodig zijn, zonder langer te beiden, deze groote schade en bederf uit te keeren, terwijl het nog tijd is.

35. Sommigen hebben voorgeslagen, om de Meer aan de kanten te bezetten, zoodat het water verder geene afbreuk zou kunnen doen, en geen land meer zou wegnemen; maar dit is naar mijn oordeel bijkans ondoenlijk.

36. Zal men de kanten rondom de Meer met hout beschieten, zal zulks, naar mijne rekening, wel kosten met alle materialen, het zijhout, ijzerwerk, steenwerk en rijswerk, met het arbeidsloon, op iedere Rhijnlandsche roede in de lengte *vijf en zeventig gulden*, hetwelk bedraagt in den omgang 16,000 roeden, dat is in het geheel twaalfmaal honderdduizend gulden.

37. Zal men de Meer met een strand maken, dat zal meer kosten dan met hout te beschoeijen. Haar met riet te beplanten, zou verloren arbeid zijn, vermits in veenlanden, waar zulke sterke waterslag tegen komt, de grond van onderen altijd, tot aan de klei toe, op-

breekt, en men dien grond niet wel bezetten of bewaren kan. Ja wat meer is, daar breken wel somtijds groote gaten, een stuk wegs van den kant van de Meer af, waar de koebeesten in verdrinken.

38. Het is een ieder bekend, dat het zand altijd drijfachtig van natuur is, en altijd weg zou spoelen, zoodat men dit werk bij de zeestranden niet kan [17]vergelijken, welke geheel vlak zijn, en hier geene overeenkomst mede hebben, vermits de zeestranden dikwijls zoowel op- als afspoelen.

39. Wat betreft houtwerk en schoeijingen, deze zouden groot gevaar hebben, om met zware stormwinden weg te spoelen. Kortom, goede raad is hier duur, om de kanten van deze Meer te bezetten. En of het al gebeurde, dat deze voorgeslagen middelen eenige jaren konden bestaan, zoo weet ik niet, wie de eerste onkosten zou willen doen, of zoodanige lasten zou kunnen dragen. De Polders, elk in zijn' ban, zijn niet magtig hetzelve uit te voeren. Die van Rhijnland zullen ook geen' lust hebben dit te doen. De groote steden zullen zich mede vrij willen houden, en voor het gemeene land is het mede ongeraden. Kortom, het beste dat is, als voren gezegd is:

> Het water te malen uit de Meer,
> Dan ligt de vijand heel ter neêr.

40. Niet dat men deze Meer alleen zal bedijken om de groote voordeelen, die daarin te vinden zijn, maar ook mede om de groote schade, die door het nalaten te wachten is.

41. Alzoo ik, JAN ADRIAANSZ. LEEGWATER, een beminnaar en liefhebber ben van bedijkingen (dycagie) en droogmaken van Meren, ook een groot gedeelte van mijn leven daarmede heb doorgebragt en versleten, zoo aan het bedijken, ordineren, stellen en fabrijken van de watermolens van de Beemster, desgelijks ook mede van de Purmer, Wormer, Bijlmeer, de Waard, de Schermer en meer andere Meren, [18]moerassen en polders, zoo ben ik mede ontboden geweest, van de Edele Hoogmogende Heeren Staten en Zijne Hoogheid den Prins van Oranje, om in het Leger te komen voor 's Hertogenbosch, om aldaar te inventeren om het water uit het leger te malen, en de watermolens bij *Engelen* weder gangbaar te maken,

hetwelk ik met Gods hulp gedaan heb, gelijk bij velen wel bekend is.

42. In het jaar onzes Heeren, op hetzelfde pas, als het leger van den Koning van Frankrijk voor *Rochelle* lag, zoo ben ik verzocht geweest van een' Fransch Edelman, genaamd Abraham FABERT ST. DE MOLIN, een raadsheer van de stad Metz in Loreyne, (Lotharingen), welke op last kwam van den Hertog VAN EPERNON (M[r]. DUC DE PARNON), om te komen te Bordeaux (Bordeus), alwaar ik M[r]. FABERT gevonden heb met zijn' knecht, om zamen te gaan 12 mijlen buiten Bordeaux (Bordeus in Gasconie), bij een moeras, dat aan den Hertog behoorde, groot omtrent 4500 morgen, gelegen bij een klein stedeken, genaamd *la Sparre*, waarvan het moeras genaamd is: *Le Marais de la Sparre*, daar wij inspectie van het voorzegd moeras genomen hebben, gepeild, geboord, gemeten, en alles van de uitwatering wèl onderzocht, tot goed contentement van ST. DE MOLIN. Dit gedaan zijnde, zoo heb ik eene zekere kaart met een verhaal daarvan gemaakt in de Fransche taal, en wij zijn daarmede in het leger geweest voor Rochelle, bij Mijnheer den Hertog (M[r]. DUC DE PARNON), die aldaar als opperste Veldheer was, en hebben hem alles vertoond, en verscheidene [19]malen met hem gesproken van de gelegenheid van dien, hetwelk hem wel beviel en hij voor goed heeft opgenomen, en eindelijk heeft hij mij tot *Bordeaux*, door zijnen rentmeester CONSTANTYN, met pistoletten eerlijk doen betalen, waarvoor ik hem nog hoogelijk bedank.

43. Nog omtrent twee jaren daarna ben ik weder door ST. DE MOLIN tot *Metz* ontboden, om met hem te gaan in *Lotteringen*, omtrent twee dagen reizens boven de stad *Metz*, op een zeker moeras gelegen in de lengte, bij drie kleine steden, geheeten; *Vic, Moien-Vic* en *Merzaal*, alwaar ik met ST. DE MOLIN inspectie genomen heb, en daarna in het stadje *Vic* bij de zes weken gelogeerd geweest ben, bezonjeerende over het werk met den kanselier van diezelfde plaats en jurisdictie, en heb aldaar eene kaart van dit moeras gemaakt en andere teekeningen van de gelegenheid der zaak, waarvan ik kopij aan den kanselier gelaten heb aan MR. FABERT, mede kopij tot *Metz* heb gebragt, en eenige dagen tot *Metz* bij hem gelogeerd, en alzoo een goed afscheid met hem heb genomen; en ben alstoen den *Moezel* afgevaren naar *Trier*, en zoo voort naar Coblens, van daar tot Keu-

len, en den Rhijnstroom afgevaren tot Arnhem en zoo voort naar Holland.

44. Nog ben ik mede verscheidene malen in *Oostland* geweest, in het gebied van den Hertog van *Holstein*, om aldaar mede te helpen fabrijken en te ordineren om moerassen en meren te helpen droog maken door het ordineren van dijken, dammen, sluizen, kaaijen, heulen, molens, molentogten, kolken, [20]wateringen en andere affairen, al te zamen dienende tot zoodanige werken, gelijk in Holland bij vele lieden wel bekend is.

45. Nog ben ik verscheidene malen verzocht, en ben ook geweest op onderscheidene Meren, Polders en Moerassen, zoo in Holland, Vriesland, Embderland als in andere omliggende landen en plaatsen, om zoodanige werken mede te helpen in goede orde te brengen, hetwelk al te lang zou wezen om te verhalen, willende het voor dezen tijd daar nu bij laten rusten en mij voegen tot de navolgende artikelen en onderwerpen en alzoo met mijn Meerboek voortgaan, om het tot een goed einde te brengen.

46. Alzoo nu in Noord-Holland meest al de Meren bedijkt, droog gemaakt en tot land gebragt zijn, en vele lieden in Holland gezind zijn in bezigheid (in het labeur) te wezen, en meest altijd wat bij de hand nemen, voornamelijk als daar profijt is te halen, zoo is het, dat ik voor dezen daar menigmaal op gespeculeerd en gepractiseerd heb, om de Haarlemmer Meer te bedijken en tot goed land te brengen, hetwelk mij zeer doenlijk voorkomt, als de Almogende God ons Zijn' zegen en goede gratie wil verleenen, zonder welke wij niets kunnen verrigten, gelijk in den 127[en] Psalm geschreven staat:

Nisi Dominus aedificaverit domum in vanum laborant qui aedificant eam.
Zoo de Heere het huis niet bouwt, zoo arbeiden zij te vergeefs, die daaraan bouwen.

47. Zoo is hiertoe (mijns oordeels) zeer goede gelegenheid en bekwame middelen, om hetzelve met [21]menschenarbeid te verrigten en te weeg te brengen, en ik twijfel niet, of er gebrek zal zijn aan eenige stof, aarde of ronde Goden, als het werk slechts ordelijk, met goeden raad en accoord wordt aangelegd en begonnen. Ook kan ik

niet anders gevoelen noch bemerken, of het zou de allerprofijtelijkste bedijking wezen, die er ooit in Holland gedaan is, en dat voornamelijk om het groote ligchaam en menigte van land, dat in de Meer begrepen ligt, en er weinig of geene Meren in Holland bedijkt zijn, die zoo veel goede gelegenheid hebben, als deze Haarlemmer Meer, hetwelk ik hierna met goede voorbeelden zal doen blijken en verhalen, naar de gaven, die mij de Heere gegeven heeft.

48. Zeker is, dat de grootste Meren altijd de minste onkosten hebben te dragen en het profijtelijkst uitvallen. Blijkende tegenwoordig aan de groote, heerlijke, lofwaardige, profijtable, kostelijke, bedijking van de *Beemster*, die in het eerst het ongeluk gehad heeft om in te breken, doch daarna weder door Gods hulp met goede orde en moed is aangevangen en voltrokken en in kavelingen gebragt is, zoodat zij genoegzaam anderhalfmaal bedijkt is. Ná de bedijking heeft ieder morgen omtrent 250 Gulden gekost, behalve den koop van het water, en de kosten van de gansche Beemster hebben omtrent 1,900,000 Gulden bedragen. Maar alle Meren, die naderhand bedijkt zijn, en kleiner waren, hebben veel meer gekost op ieder morgen. De oorzaak, hiervan is, dat de kleine Meren altijd de meeste roeden dijks op de morgentalen hebben, en andere [22]onkosten, die de kleine Meren niet dragen kunnen.

Hier volgt zeker bewijs van de grootheid van verscheidene Meren.

49. De Ringdijk van de Beemster is groot in het rond omtrent 10,000 Rijnlandsche roeden, de Beemster zelve is groot 7545 Rijnlandsche morgen gekaveld land, behalve de wegen, wateringen, molentogten en de Ringdijk, hetwelk bedraagt op ieder morgen land omtrent een en een kwart roede dijks.

50. De *Purmer* is groot ongeveer 3000 morgen en heeft omtrent 6000 roeden dijks, dat is op ieder morgen 2 roeden dijks.

51. De *Wormer* is groot 1800 morgen min tien, en heeft stijf derdehalve roede dijks op ieder morgen, dat is nog eens zoo veel roeden dijks op ieder morgen als de *Beemster*.

52. Nog zijn er verscheiden andere Meren, die mij wel bekend zijn, die omtrent 5 of 600 morgen groot zijn, die omtrent vijf of zes roeden dijks per morgen hebben.

63. Het *poeltjen* of *weeltjen* bij *Hoorn*, alsmede het *Schalsmeer* bij *Knollendam*, zijn elk omtrent groot 75 morgen en hebben op ieder morgen omtrent 12 roeden dijks.

Derhalve blijkt klaarlijk, dat de kleinste meren altijd de grootste onkosten hebben te dragen, alsmede de kosten van andere bijvallende zaken, te weten van Dijkgraaf en Heemraden, Landmeters, opzieners, werkmeesters, schuitevoerders, Boden, [23]knechts, enz., hetwelk niet al te beschrijven is, waarvan altijd de grootste de meeste lasten en onkosten gemakkelijker dragen kan.

54. Een klein voorbeeld en zekere Geometrische kunst zal ik alhier verhalen, hetwelk een vaste regel is.

55. Neem een koordje, dat eene elle lang is, en vult dat met kleine stukjes hout, die gelijke grootte hebben. Stel, dat daar 25 stukjes in kunnen, wanneer de einden van dat koordje aan elkander komen. Neem dan een koord, dat 2 ellen lang is, zoo zullen daar honderd zoodanige stukjes in kunnen, voordat de einden van dat laatste koord aan elkander komen. Alzoo is het ook met eene kleine of groote Meer, naar evenredigheid. Wel te verstaan, dat hoe beter de Meer of bedijking in het ronde gelegen is, hoe de inhoud grooter valt.

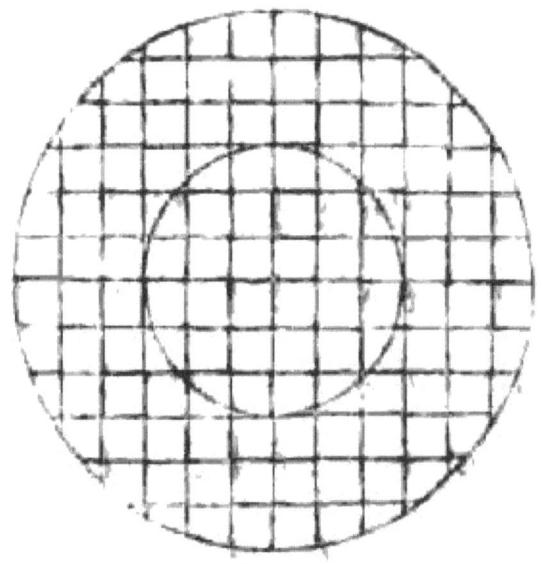

56. Nog een ander voorbeeld, om zekere vierkante stukken te bedijken. Neem een vierkant stuk, dat een morgen groot is, zoo moet gij vier zijden bedijken. [24]Neem twee stukken aan elkander, zoo zult gij niet meer dan zes zijden bedijken. Neem dan vier vierkanten aan elkander, gelijk als hierboven geteekend staat, zoo zult gij niet meer dan acht zijden bedijken, en alzoo voort naar evenredigheid, zoo heeft altijd de grootste Meer den minsten dijk op de morgentallen.

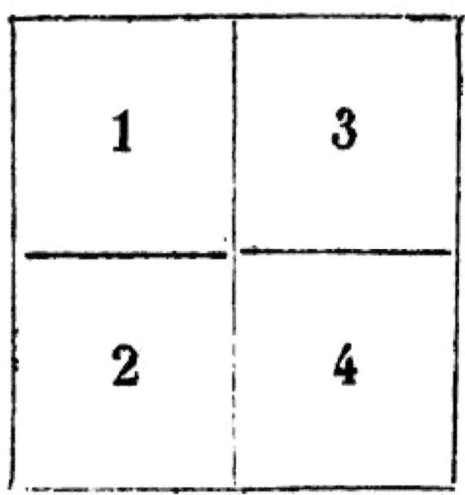

57. Nog een voorbeeld. Gelijk ik hier voorgesteld en bewezen heb, dat eene groote bedijking vele morgentallen in zich heeft, en weinig roeden dijks op ieder morgen bedraagt, zoo zal ik alhier nog een kluchtig stukje voorstellen, hetwelk niet mogelijk schijnt te wezen; datzelve zal ik van de hoogte nemen en brengen het in de breedte, en wordt nog eens zoo groot.

Neem eene ton, die langwerpig van fatsoen is, en vult die tweemaal vol met water, of drooge waar, en zaag dan de duigen regt in het midden door, en neem dan al die halve duigen, voeg ze dan in de wijdte, in het rond aan elkander, en maak daar dan een' bodem in dezelfde kroosing, waar de bodem te voren in geweest is, zoo zullen in die duigen die twee gemeten tonnen waters in kunnen. Hetgeen ik zelf beproefd heb, en *Probatum est.* [25]

58. De *Haarlemmer Meer* is voorheen groot bevonden omtrent 20,000 morgen, en is in het rond omtrent 16,000 roeden, hetwelk bedraagt op ieder morgen omtrent drie vierendeels van eene roede dijks, bijna eene halve roede minder dan de *Beemster* per morgen. Hetgeen niet slechts een voordeel is bij het leggen van den dijk, maar ook in het dagelijksche onderhoud, dat altijd en voortdurend blijft.

59. De voorzegde *Haarlemmer Meer* heeft nog verscheidene andere goede conditiën en gelegenheden, die andere Meren niet hebben.

60. In de eerste plaats heeft deze Meer eenen bodem en grond van goede klei, welke kleibodem doorgaans dik is 7, 8 à 9 voeten en meer, gelijk ik denzelven heb doen peilen, beugelen en diepen, zoo als ik hierna klaarder zal doen blijken en verhalen.

61. Ten tweede heeft de *Haarlemmer Meer* de schoonste en beste gelegenheid om het water te lossen, die men maar bedenken kan, omdat de winden, in Holland meestal zuiden, zuidwest en zuidoost waaijen en het water alsdan komt toezakken en vallen naar het IJ en de sluizen, en dan is het meest altijd laag water op het IJ en in de Zuider-Zee. Daarenboven is daar nog zulke schoone gelegenheid om sluizen en uitwateringen te maken bij het huis ter Hart, ook te Sparendam en andere gelegene plaatsen, alle naar wensch; als ook om een' vóórboezem of kolk te maken benoorden het huis ter Hart, op het IJ, over de eilanden heen, waar de molens op zouden kunnen malen, om de Spiering-Meer mede te mogen bedijken, opdat al die oude [26]landen om de Meer mogten bevrijd wezen van de afbreuk en het slijten van dat groote, verderfelijke water.

62. Ten derde, zoo heeft deze Meer weinig plempwerk naar evenredigheid van hare grootte, waarin geene andere Meren haar gelijk zijn.

63. Ten vierde, hetwelk nog het principaalste is, zoo is deze Haarlemmer Meer zoo bekwaam gelegen als zij redelijkerwijze doen kan. Zoodat de Burgers van Haarlem, Leiden en Amsterdam zouden kunnen hunne landerijen en goederen op éénen dag bezigtigen, en hunne zaken verrigten, en des avonds weder elk in zijne stad te huis komen, en met gemak in hunne huizen mogen logeeren.

64. Ten vijfde, en ten laatste, zoo is het land om de Meer zoo weinig van prijs en onkostelijk om den dijk daarop te leggen, veel minder dan zulks bij andere Meren het geval is; bovendien zijn daar zeer weinige huizen in den weg, zoodat men den Ringdijk en de ringsloot bekwamelijk zonder verhindering zal kunnen rooijen, maken en leggen naar behooren.

Zoodat in alle manieren dit wel te verstaan is,

De Haarlemmer Meer het best zal zijn dat ooit gedaan is.

65. Het bedijken van Meren, en het brengen van schadelijke, verderfelijke wateren tot goed land, is een van de noodwendigste, profijtabelste en Godzaligste dingen in Holland; want Holland is met vele groote steden en dorpen bezet, wordt daarbij sterk bewoond, en daarenboven is er geen land, alwaar men de boter en kaas zoo schoon, goed, smakelijk en rein kan maken, zoodat in andere Landen de voorzegde [27]waren zoo begeerd zijn en getrokken worden, dat ze om hare deugd nimmer overvloedig genoeg schijnen te zijn, zoodat de oude landen niet minder van prijs werden, maar altijd meer en meer gelden gelijk blijkt uit de veelvuldige Meren en Moerassen, die in Noord-Holland vóór en na de Beemster bedijkt en tot land gemaakt zijn, welke ik hier navolgende zal verhalen

Het eerste is bedijkt:

1. *De oude en nieuw Zijp.*
2. *De Berger-Meer.*
3. *De Boekeler-Meer.*
4. *De Diepe-Meer.*
5. *De Daal-Meer.*
6. *De Slootgaard.*
7. *De Wog-Meer.*
8. *De Wout-Meer.*
9. *De Bleek-Meer.*
10. *De Schaaps-Kuijl.*
11. *De Benne-Meer.*
12. *De heerlijke lofwaardige bedijking van de Beemster.*
13. *De schone vruchtdragende Purmer.*
14. *De Wormer.*
15. *De Oosthuyzer-Braak.*
16. *De Heer Huyge-Waard.*
17. *De welgeordineerde en geformeerde bedijkte Schermer.*
18. *De Schager-Waard.*
19. *De Broeker-Meer.*
20. *De Buiksloter-Meer.*
21. *De Bel-Meer.*[28]

22. *De Braak: bij Medenblik.*
23. *De Hoornsche Waal.*
24. *De Schals-Meer.*
25. *De Enge Wormer.*

Met nog meer andere kleine Meren, en eindelijk nog de *Starre-Meer*.

Men zegt en vermoedt, dat er na den troebelen tijd in Holland, in Zeeland en andere omliggende plaatsen, omtrent 80,000 morgen lands bedijkt zijn. Voornamelijk blijkt dit mede uit de groote, heerlijke, lofwaardige bedijking van de Beemster, die het eerste jaar, toen zij droog was geworden, door des Heeren zegen zoo overvloedige vruchten heeft gedragen, dat het niet wel met de pen is te beschrijven.

66. Mij is verhaald door DIRK VAN OS, die het mij ook schriftelijk heeft overhandigd, dat hij op zijn eigen land in de *Beemster*, met zijnen broeder HENDRIK VAN OS, het eerste jaar toen de *Beemster* droog geworden was, geteeld en gewonnen heeft *zeven duizend zeven honderd drie en vijftig zakken Koolzaad*, alsmede *Raapzaad*, behalve nog veel meer andere granen, zoo van *Tarwe*, *Garst* en *Haver*, die mede in overvloed op hunne landen gewassen waren. Nog heeft de zoon van DIRK VAN OS, te weten FRANÇOIS VAN OS, mij zelven verhaald, dat hij in eene zaaijing in de *Beemster* gewonnen had, op 400 Rhijnlandsche roeden lands, drie gemeene lasten haver, dat is 108 zakken. Voornamelijk heeft het gewas van het *Koolzaad* het eerste jaar zoo veel en overvloedig in de *Beemster* opgebragt, dat men vermoedde, dat al de oliemolens in Holland, in [29]dien tijd, wel een jaar lang daarop konden gaande blijven, en genoeg hadden om op te werken.

67. Naderhand heeft de Almogende God de *Beemster* van alles zoo overvloedig gezegend, dat het nu genoegzaam het groote Lusthof van Noord-Holland is, zoo in weiden, bouwlanden, boomgaarden, huizen, lusthoven, enz. Daar wordt ook gezegd en voor waarheid gehouden, dat er geen vermakelijker en lustzinniger weg in Holland is, dan de *volgerweg* in de *Beemster*, daar al die schoone heerlijke huizen en boomgaarden gebouwd zijn, te weten het huis

van den Dijkgraaf DIRK VAN OS, FRANÇOIS VAN OS, van MEERMAN, van CAREL LOTEN, van JAN LOTEN, van ALEWIJN en meer anderen.

68. Daarenboven geeft deze *Beemster* in overvloed vette ossen, koeijen en schapen, met vele schoone paarden en hengsten; als ook overvloedig boter en kaas, met meer andere toespijzen, die in alle manieren deugdzaam en goed zijn, waar men duizend menschen mede kan spijzen en voeden, hetgeen aan de eigenaars der gronden goede inkomsten en renten geeft:

> *Omnia dat Dominus, non habet ergo minus.*
> God geeft alle ding, en houdt zelf niettemin.

69. De Beemster in het gemeen kan ieder jaar nu wel opbrengen aan landhuur *tweemaal honderd en vijftig duizend gulden* aan vrij geld, en dan zijn alle ongelden, mede het molen- en dijkgeld, betaald. Daarenboven worden hierdoor ook grootelijks verbeterd de gemeene middelen van het land.

70. Dit kleine notabel stukje zal ik hier nog bij verhalen, dat men vermoedt, dat de eijeren van de [30]hoenderen en Eenden in de Beemster thans meer opbrengen dan te voren al de visch, die in de Beemster werd gevangen.

> Der Beemsters kruid, doet groot viertuil, is waardig om te prijzen;
> Haar stof geeft lof, fijn ende grof, 't is wel te bewijzen.
> Haar roem die gaat, ver over straat; verstaat mijn reden:
> Men vindt in 't Rijk, nooit haars gelijk, in land noch steden.

71. Alle liefhebbers en beminnaars van bedijkingen, die gezind zijn om dit groote, heerlijke, treffelijke en lofbaarlijke werk, de *Haarlemmer Meer*, mede te willen helpen handhaven om te bedijken, en tot goed land te maken, zullen gelieven te weten, dat men hetzelve niet slappelijk zal moeten beginnen, maar met een' voorbedachten zin en goeden moed. Dat men het werk ook met goede raad en daad zal moeten aantasten en mannelijk doordrijven. Gelijkerwijs een wijs Koning of dapper Prins eene sterke stad zoekt te beleggen en te winnen met alle vlijt, naarstigheid en moed, alle amuni-

tie van oorlog daartoe zoekt te prepareren en te bereiden, met schepen en wagens alle *voerage* zoekt aan te brengen, zijn leger en omheining met wateringen, vesten, bolwerken, transementen, schansen, redouten, halve manen, contre-escarpes, hoornwerken, batterijen, loopgraven, traversen, stormbruggen, en al hetgeen daartoe is dienende, ook mede hout en ijzer, victalie, bier en brood, alsmede geschut, kruid en lood, en van alles zich zoo verzorgt, dat er in geene manieren iets moet mankeeren. Dus doende durft hij zijnen vijand onder de oogen zien, en toch mede de stad getroost [31]zijn, om alzoo op de oorlogsmanier dapper te strijden en te volharden, zoo lang totdat hij de stad gewonnen heeft, en daarvan meester mag blijven. Opdat al de officieren, ruiters en knechten, prijs en eer bevochten hebbende, hunne soldij met eere zouden mogen ontvangen, en alzoo het harnas afleggen, gelijk als in het boek der Koningen beschreven staat.

> *Ne glorietur accinctus, aeque ut discinctus.*
> Die het harnas aandoet, zal zich niet beroemen, gelijk degene die het afgelegd heeft.
> De kroone ligt niet in het begin, noch in het midden: maar het einde kroont het werk.

Men zegt gemeenlijk: *wèl begonnen is half gewonnen*.

Maar veeleer is dit spreekwoord goed:

> *Vincit assiduus labor.*
> Aanhouden is het regte middel zoo men zeit,
> Om te verkrijgen 't geen dat er verborgen leit.

Gelijk ook mede de geleerden voor een spreekwoord hebben:

> *Absque labore gravi non venit ulla seges.*
> Zonder arbeid komt er geen koren in de schuur.

72. Het zou kunnen gebeuren, daar groote werken ook hunne zwarigheid hebben, dat het fortuin niet altijd naar wensch liep, even als een schipper van een groot schip, die de zee gebruiken moet,

soms wel onvoorziens met een' zwaren storm overvallen wordt, en daardoor zijn anker en touw moet verliezen, en niet altijd voor den wind gaat; doch daarom geeft hij den moed niet verloren, maar schept nieuwe courage met zijn bootsvolk, om het schip wederom te maken, te heelen en te boeten, en denkt alzoo, gelijk de Franschman zegt: [32]

Si la fortune me tourmente, l'espérance me contente.

73. Vele menschen zijn welgezind tot groote rijkdommen, kostelijke schatten en juweelen, tot groote klompen goud en zilver, daar men boter voor kan koopen. Dit blijkt dagelijks, daar velen hun leven daarvoor wagen en in groot gevaar stellen, om te varen naar *Oost- en West-Indiën, Groenland, IJsland, Guinea, Angole, Turkije, Barbarijë, Grieken, Perzië, Alexandrië, de Archipel, Moscovië,* het *Weygat, Magalena, Peruana, Zweden, Denemarken, Riga, Revel* en meer andere vreemde eilanden, steden en plaatsen, Oost en West gelegen, die te veel zijn om op te noemen. Waar maar eenigzins vermoeden is, om voordeel en winning te doen, daaraan wordt geen arbeid, kosten of moeiten gespaard, om hetzelve te aanvaarden, te onderzoeken en te volbrengen,

74. Maar laat ik voortvaren en tot mijn eigenlijk onderwerp komen, om hetwelk ik begonnen ben te schrijven, te weten over die groote zilver- en goudmijn, de *Haarlemmer-Meer,* waar zoo vele kostelijke schatten in verborgen zijn. Welke Meer reeds voor vele jaren heeft bestaan, in het beste en in het middelste gedeelte van Zuid-Holland ligt, naar mijn oordeel, op de allergeschiktste en gewenschte plaats der Zeventien Provinciën, nabij *Haarlem, Leyden* en *Amsterdam,* wèl bedijkt binnen de Zeedijken, op de hoogte van twee en vijftig graden, om welke men niet behoeft naar vreemde landen te varen om haar te zoeken. Ik waarschuw en vermaan alle minnaars van bedijkingen, dat ieder hunner [33]zijn voordeel zoeke waar te nemen, en medewerke, om een' nagel, spijker of bout aan dit schip te slaan, en raad te geven.

75. Om met de hulp van God hiertoe te kunnen komen, en om deze groote zilver- en goudmijn te vinden, en de kostelijke schatten en juweelen op te graven, bestaat voornamelijk uit twee of drie

merkwaardige dingen. Het eerste is, een zware, breede, digte, sterke, wèlgeformeerde en gemaakte Ringdijk. Het tweede is, dat men daar nog bij moet hebben goede, bekwame, groote, sterke, achtkante water-molens, die alle in goede orde gezet, gemaakt en gesteld zijn, waar men het land mede uit de valleijen moet zoeken. Het derde is, goede, bekwame sluizen en uitwateringen ter gelegener plaats en op het IJ, om alle belanghebbenden van de groote steden en ook de oude landen voldoende te bevredigen. Daarbij nog geschikte (bekwame) wateringen en vaarten door de Meer.

Beschouwing (Propoost) *van den dijk.*

76. Gelijk de planken of de huid van een schip het voornaamste is, waar het schip op moet zeilen, alzoo is het ook met een' sterken digten Ringdijk, die het water van de Meer moet keeren.

Van de watermolens.

77. Een sterke digte cementbak is met pompen haast ledig te halen; desgelijks is eene wèlbedijkte digte meer met watermolens wel droog te malen. [34]

Dit is ook noodig om aan te teekenen.

78. Alzoo ik mede in het begin van het bedijken van de *Beemster* gediend heb als Ingenieur en Fabrijk van het zetten en stellen van de watermolens, tot het voltrekken toe, zoo is het, dat ik, op verzoek van DIRK VAN OS, en de Hoofd-Ingelanden, altijd zekere aanteekeningen (*notici*) daarvan gehouden heb, en dikmaals gepeild heb en bevonden, dat de molens van de *Beemster* in een etmaal, met goeden wind, een' duim waters op de geheele *Beemster* in de hoogte konden uitmalen, en ook somtijds wel anderhalven duim, en dat op vijf- of zesthalf honderd Rijnlandsche morgen, een' gang molens. Zoodat men de *Beemster* in twee jaren drooggemaakt heeft, wel verstaande de inbraak niet medegerekend; en dat het derde jaar malens gekaveld werd, en elk zijn land bij loting ontvangen heeft.

79. Ik heb mede in het bedijken van de *Beemster*, en ook naderhand, niet kunnen bemerken, dat de grond iets lek was, zoodat het water nimmer gewassen of verhoogd is, als het niet regende.

80. Nog zekere calculatiën alhier gemaakt, hoe vele tonnen waters een bekwame groote achtkante watermolen op een etmaal uitmalen

kan. Hetwelk ik JAN ADRIAANSZ. in mijne jonkheid, in den tijd van mijn' zaligen vader ADRIAAN SYMONSZ. LEEGWATER, van de Rijp, in den polder van Rijp en Graft menigmaal gepeild heb, en bevonden met twee watermolens, gerekend een' voet in het vierkant, en zes voet hoog voor eene tonne waters. [35]

81. De voorschreven polder van Rijp en Graft is groot, omtrent 1400 morgen, Geest-meer, Ambachts-maat, en is omtrent zoo veel water als land, dat is 700 morgen waters, hetwelk twee watermolens, in een etmaal, een' duim in de hoogte konden uitmalen.

82. Die zelfde morgentalen gebragt in vierkante roeden, en daarna tot vierkante voeten, waarvan 72 duim in de hoogte gerekend en dat een voet vierkant voor eene ton waters, zoo is het, dat twee molens, naar deze rekening, in een etmaal uit kunnen brengen 896,000 ton waters, en een molen 448,000.

83. Zoo iemand in deze zaak omtrent het droogmaken van de Haarlemmer Meer eenigzins twijfelmoedig mogt wezen, vreezende voor eenige zwarigheid van den grond of lekking van den Ringdijk, zoo zal ik alhier, met Gods hulp, om alle twijfelmoedigheid weg te nemen, goede en duidelijke (klare) voorbeelden verhalen, welke mij door ondervinding bekend geworden zijn.

Experentia docet.

84. Aangaande den duinkant of de westzijde van de Haarlemmer Meer, alzoo het gemeene spreekwoord is, dat zandgronden lek zijn: dat is eensdeels alzoo; maar hiervan is eene goede verzekering, en dat, uithoofde onder dat zand goed veen en klei liggen, gelijk zulks dagelijks blijkt en bevonden wordt, vermits onder het zand of de nollen goede turf gegraven en gedolven wordt, en onder het veen geen zand ligt tot aan de klei toe.

85. Dit zelfde blijkt mede aan den *Lisser-poel*: [36]deze, schoon nabij de duinen gelegen en nog onlangs bedijkt, wordt ook wel droog gehouden.

86. De *Soetermeersche Meer*, die aan de zijde aan de veenen ligt, is mede onlangs bedijkt en wordt ook wel droog gehouden.

87. Zoo ook werd uit de *Hem-meer*, die aan het harde gelegen is, tegenover de Kaag, met geringe moeite het water uitgemalen, en het

land zeer goed droog gehouden, welke Meer meerendeels toebehoort aan Sʳ. JAN VAN BAARLE.

88. De ringdijk van de Beemster is in het begin meestal uit veenlanden gemaakt. Die van de Purmer desgelijks. De dijken van de Wormer en Waterlandsche Meren zijn mede al tezamen van veenlanden gemaakt, zij worden alle digt bevonden en goed droog gehouden. Bij het bedijken is vooral hoog noodig, dat men het zwoord- of grasveld, dat onder den dijk komen zal, goed wegneme, opdat de aarde te beter sluite, en de dijk digt zou wezen.

89. Eindelijk de *Schermer*, die ten naaste bij van gelijke natuur is als de Haarlemmer Meer, en aan de noordzijde bijkans van gelijke diepte, zal ook met vier molens boven elkander moeten malen; zoo ook heeft de kil van de *Beemster* twee molens in het diep staan, die vier hoog malen.

90. Aan de Oostzijde, aan de Noordoostzijde en aan de Zuidoostzijde van de *Schermer*, is de ringdijk geheel van veenland gemaakt; aan de Westzijde van die Meer van JAN BOIES af, tot aan den Akerslooter-koorn-molen toe, is de ringdijk geheel van zand of geestland gefondeerd en gemaakt, en daar is [37]naauwelijks eene Meer van al de bedijkte Meren in Noord-Holland, die zoo spoedig en ras droog gemalen is, als deze Schermer.

91. Het is mij wel bekend, dat er eenige Meren zijn, wier droogmaking niet wil gelukken; maar daar, is de reden van: óf omdat de klei te diep ligt, óf omdat die Meren aan een bergachtig land, of grof zand gelegen zijn, dat geen water schut, zoo als ik hetzelve wel gezien en bevonden heb; óf omdat de grond met struiken of bladen van boomen opgehoogd en bezet is, en hierdoor lek en sponsieus blijft. Gelijk het ook blijkt, dat eenige dezer Meren niet vast toevriezen, al vroor het bijkans nog zoo sterk; hetgeen een teeken is, dat de grond open, sponsieus en lek is.

92. Aangaande den grond van de *Haarlemmer Meer*, kan ik anders niet bevinden en verstaan dan alles goeds, alzoo ik haar voorheen met den Burgemeester van Aalsmeer en eenige arbeiders, op vele verschillende plaatsen, gepeild, gebeugeld, gediept, getast en wèl onderzocht heb, en anders niet kan bemerken of bevinden, of deze Meer heeft een' bodem van goede klei, doorgaans dik 7, 8 en 9 voeten, gelijk bevorens verhaald is. En de *Haarlemmer Meer* is door-

gaans diep *negen* Rhijnlandsche voeten, of tien houtvoeten, bijkans van gelijke diepte als de kil van de *Beemster* of *Schermer*. Op sommige plaatsen is de grond aan de kanten van de Meer met veenachtige slibber vermengd, een voet of anderhalf dik; dezelve is bekwaam, om met den ploeg door malkander in de klei te vermengen, en [38]alzoo tot goed land te maken. Daarenboven, hetgeen een goed teeken is, als het eene gewone vorst is, vriest de Haarlemmer Meer zoowel en zoo vast toe als eenig ander water, zoodat men daar overal met paard en sleê over rijden kan zonder treuren. Het blijkt daaraan, dat de grond digt en vast moet wezen.

93. Dat de grond van de Haarlemmer Meer goede klei is: dat is de allerbeste, waar men op betrouwen kan, dat de grond digt zal wezen. Het is mede een goed fondament voor den Ringdijk en in alle manieren heel goed voor het dóórlekken en opwellen, zoo als te voren gezegd is.

94. Van de watermolens zal ik alhier mede een weinig verhalen en noteren.

95. Dit is de gewone gang en wijze in Noord-Holland bij het bedijken van meren, zoo als de ondervinding het geleerd heeft.

96. Als men zoo hoog moet opmalen, als men aan de Beemster en Schermer op het diepst heeft moeten doen, dan stelt men vier molens boven elkander tot een' gang, die elkander toemalen van vier of vijf en dertig voeten stijls, en dat gemeenlijk op vijf honderd Rhijnlandsche morgen een' gang molens, wèl verstaande, hoe meer gangen molens op eene kolk malen, hoe beter, en het zal noodig wezen, dat men op de *Haarlemmer Meer* zoo veel gangen molens op eene kolk brengt als immer doenlijk is, en dat om de volgende oorzaak: als er een molen, twee of drie onklaar zijn, zoo kunnen de overige molens nog malen, en op den gang blijven, en ook mede dan wordt de ringdijk te minder gebroken [39]met de kleine sluisjes, die in den ringdijk moeten liggen, waar de bovenmolens moeten doormalen.

97. Het is ook eene hoognoodige zaak, dat men verscheidene kruisvaarten door de Meer maakt, even als in de Schermer, en zulks tot gerief van de Deelhebbers en huisluiden, om hunne waren met kleine schuitjes aan den ringdijk te kunnen brengen, als ook vooral de materialen, die men tot het bouwen en timmeren noodig heeft,

en mede ook tot eene gemeene onderkolk of boezem van de laagste molens.

Om nu te komen tot het principaalste, waar alles aan gelegen is.

98. Als dit groote, heerlijke en lofwaardige werk, met de hulpe Gods, voltrokken en gekaveld zal zijn, dan zal men met den zegen des Heeren daarop kunnen telen en vinden de allerbeste, kostelijkste schatten en juweelen, die tot 's menschen nooddruft en onderhoud van doen zijn. Als men het land behoorlijk ploegt, bebouwt en bereidt, gelijk als in den beginne ADAM, onzen eersten vader, opgelegd was, toen hij het gebod van God overtreden had, dat hij in het zweet van zijn aanschijn zijn brood zou eten. Gelijk ook mede in de H. Schrift geschreven staat: *Zoodanig als de akkerman is, zoodanig is ook de bouwing*.

> Bouwt op het nieuw, zaait niet onder den doorn,
> Werpt dan in uwen akker het goede koorn:
> Zoo zal God u geven, tot een baat,
> Eene overvloedige, opgehoopte, volle maat.

In manibus Domini sorsque, salusque mea.
Mijn heil en mijn geluk staat in den zegen des Heeren.

[40]

Volgt nu van de heerlijke vruchten des velds.

99. In de eerste plaats zal in deze Meer zijn te vinden velerhande granen, als tarwe, rogge, gerst, haver, erwten, boonen, boekweit, koolzaad, raapzaad en meer andere gewassen; ook gemeste kalveren en vette schapen, meer dan twintig duizend hoornbeesten, met nog daarbij velerhande vee en gevogelte, mede in overvloed. Boter en kaas, honig en melk, met velerhande toespijs, fruit en wijnbeziën, hetwelk niet alles is te bedenken en te noemen. Het zou zulk eene verandering in *Zuid-Holland* geven, dat men het wel het achtste wonder zou mogen noemen: dat te voren eene schadelijke Meer, een bederfelijke poel, een verslindende wolf is geweest, dat zou men alsdan den grooten Zuid-Hollandschen lusthof wel mogen noemen; of het Hollandsch Tresoor, waar men eene menigte van

menschen, door den zegen des Heeren, mede zou kunnen spijzen en voeden, hetgeen tevens de gemeene landsmiddelen, met zoo vele duizenden zou stijven en verbeteren, dat het niet wel is te zeggen. Hiertoe zullen ook wel noodig zijn duizend boeren met hun gezin, knechten en dienstboden, om het land te bouwen en te bearbeiden, hetgeen te zamen wel zes duizend menschen zal bedragen.

100. Alzoo ik voor dezen gehoord en verstaan heb, dat sommige burgers van Haarlem en van Leiden in eenige zaken wat zwaarhoofdig zijn, meenende, dat hunne vaarten en wateringen eenigzins zouden verminderen of verslimmen; zoo zal [41]ik hier met goede redenen bewijzen, dat heel anders en contrarie het geval zal zijn, op grond der ervarenheid van hetgeen ik voor dezen dikwerf gezien en opgemerkt heb.

101. Eertijds, voordat de *Beemster* en *Purmer* bedijkt waren, heb ik dikwerf gezien en bevonden, dat de doorvaart of haven van *Purmerend* zoo verdroogd was, dat daar naauwelijks eene ongeladen schuit kon vloten, en dat gebeurde telkens als er een stormwind uit het noord-westen woei; dan kwam het dikke water in de haven, en zette zich daar neder, en hoezeer men het met den beugel uithaalde, was het met iederen storm weêr hetzelfde. Desgelijks ook de Meer, beoosten *Purmerend;* welke slibber met een' ooste-wind uit de Purmer kwam. Maar nadat de beide meren, de *Beemster* en de *Purmer*, bedijkt zijn, heeft men dit gebrek niet bevonden.

102. Desgelijks de haven van *Edam*, alsmede de doorvaart van *Nek* en meest alle havens, die op zoodanige wateren of meren liggen; deze vervuilen altijd door het dikke, modderachtige water, dat met stormwinden inspoelt.

103. Daarenboven heb ik ook meermalen gezien (en er mede aan geholpen), dat men ten tijde, vóórdat de *Beemster* bedijkt was, als er eene geladen schuit in de haven van de *Rijp* in kwam varen, met groote krachten die schuit moest intrekken, om ter plaatse te komen, waar men moest lossen; en dat de haven zoo opgedroogd was, van den modder of de slibber, die uit de *Beemster* kwam, dat men het met beugelen en baggeren niet goed [42]kon maken, uithoofde dat telkens, als het weêr uit het oosten sterk woei, het weêr even zoo vervuilde als te voren; wij moesten dikwerf en waren genoodzaakt de sluis van de *Rijp* open te zetten, en het water door de haven in

den polder te laten stroomen, en den grond met stokken en beugels om te roeren, en alzoo de haven te verdiepen. Naderhand toen de *Beemster* bedijkt was en de watermolens klaar water uit de *Beemster* hebben gemalen, heeft men dergelijke gebreken niet gezien, noch vernomen; want als nu de haven eens uitgediept is, dan vervuilt zij zelden of nooit, en men heeft daarenboven nu altijd klaar water in de haven van de *Rijp*.

104. Als men met reden mag spreken, zoo is het (mijns oordeels en gevoelens), dat die van Haarlem en Leiden weltevreden behooren te wezen met het bedijken van de *Haarlemmer Meer*, en dat zij geene reden hebben zoodanige klagten en questiën in te brengen, maar grootelijks daardoor verbeterd zullen zijn en in het minst geene schade zullen lijden, maar veel eerder groot voordeel, gelijk ik hier met navolgende redenen zal bewijzen.

105. Met betrekking tot de doorvaart van Haarlem, zal dezelve in alle manieren beter en bekwamer zijn dan te voren; het gebeurt nu dikwerf, dat er schepen zijn, die met kostelijke koopmansgoederen zijn geladen, welke, als zij voor de Meer, bij de ton, komen, met eenen hoog-zuidenwind en storm genoodzaakt zijn aldaar te moeten blijven liggen, uit vrees dat zij groote schade zouden lijden. Ook mede met een' noordelijken wind in de Kaag insgelijks; [43]men kan alsdan met schepen en waren niet voortkomen, vermits men het water van de Meer alsdan niet kan gebruiken, waardoor de koopman dikwerf groote schade lijdt en mede groot perijkel van zijne schepen te verliezen, hetgeen zich heel anders en beter zal toedragen, als de Meer bedijkt is.

106. Als er eene bekwame, wijde, diepe ringsloot of kanaal zal gemaakt zijn, van zestien of twintig roeden wijd, of zoo wijd als men dan met goede orde ordonneren zal, zal men die altijd met halven wind kunnen zeilen, en ook mede met gewone schepen oplaveren; en heel zelden zal het zijn, dat men die niet gebruiken kan, wel te verstaan, als er mede een bekwame trekweg zal worden gemaakt, om de schepen altijd met gemak en gerief met paarden in den wind te kunnen optrekken; de kooplieden zullen alsdan zelden of nimmer verkort of verhinderd zijn of schade lijden. Welke trekweg en kanaal mede zullen gemaakt worden, tot aan de stad Leiden

toe, alsmede van de Zijlpoort af tot aan de Kaag of tot aan de Nieuwe Vaart, zoo als men het dan best geraden zal vinden.

107. Aangaande het water, dat nu dikwijls heel vuil en troebel is, dat zal zich heel anders begeven, dan het nu tegenwoordig doet, waardoor die van Haarlem en van Leiden grootelijks verbeterd zullen zijn, en het werk alsdan zullen moeten prijzen.

108. Vooreerst is het notoir, en men kan het ook ligtelijk begrijpen, dat er alsdan nimmermeer in de steden Haarlem en Leiden eenig vuil, stinkend of troebel water zal kunnen komen; want [44] als de *Haarlemmer Meer* bedijkt en droog gemaakt zal zijn en tot land gebragt zal wezen, zal er geen ander dan klaar regenwater in de Meer komen, hetwelk zal staan op kleigrond, vermits de slooten en molen-togten in de Meer mede in de klei gedolven en gemaakt zullen worden, en de watermolens van de Meer alsdan het klare water in de ringsloot zullen malen; en daarenboven zal het duinval, dat aan de west-zijde van de Meer is, in de ringsloot door verscheidene kanalen komen zakken. Dat water zal alsdan in de ringsloot behouden wezen en niet vervuilen noch troebel worden door het stormen van de Meer.

109. Dat water komt mede in de steden Haarlem en Leiden; doch de principaalste uitwatering van Rhijnland moet door Haarlem en Sparendam komen, en aldaar uitgeleid worden, als ook mede bij het huis ter Hart. Hier staat nog op te letten, dat als de Meer tot land zal gebragt wezen, de omliggende plaatsen en landen nimmermeer gekweld zullen wezen door buitengewone hooge aanpersen en afpersen, waardoor de straten van Leiden nu dikwerf onder loopen, als de wind sterk uit het noord-oosten waait, en het Sparen een' voet 2 of 3 minder is dan gewoonlijk, zoodat de schepen er niet over kunnen komen, maar dikwerf drie of vier dagen tegen Haarlem en Sparendam moeten blijven liggen en toeven door gebrek aan water, waardoor de kooplieden dikwerf verkort worden en groote schade lijden, door het bederven van hunne waren. [45]

110. Welligt zal iemand zeggen: als het een drooge zomer is, zoo zal er ook weinig water in de Ringsloot zijn. Maar datzelfde heeft plaats of de Meer bedijkt is of niet; want als het een drooge zomer is, dan is er nimmer veel water in de binnenpolder, noch op de Meer.

111. Daartegen zal ik een goed middel stellen: Men make de buitensluizen met contradeuren, of schore die deuren toe, en late niet meer water uitloopen, dan men in het schutten van de schepen van nooden heeft, gelijk men in Noord-Holland doet, als er weinig water is. Op die wijze laat men de nieuwe sluis of? dijker tot Sparendam en te Nauwerna? toestaan, om het water in te houden.

112. Dit zou ik ligtelijk hebben vergeten: Als het klare water in de Ringsloot staat, gelijk bevorens verhaald is, dan zullen de brouwers van Haarlem en Leiden dat water kunnen gebruiken, om daarvan te brouwen, en weinig of geen onderscheid in hetzelve kunnen vinden met het water, dat zij thans met groote kosten en moeite moeten halen.

113. Het principaalste en beste is nog, (wat kan er ter wereld beter wezen!) dat men in de nabijheid van een heerlijk, lofbaarlijk, gebenedijd land zal wonen, waarvan meestal des menschen nooddruft, door den zegen des Heeren, komen moet.

114. Alzoo de stad Haarlem aan twee zijden duinen heeft en aan de zuid-oost-zijde het groote water, en er niet veel goed land om de stad ligt, waardoor ook marktdagen sober en weinig moeten [46]wezen, zoo zal het bedijken van de *Haarlemmer Meer* zulk een merkelijk profit en voordeel geven, dat men het niet kan uitspreken.

115. In het beginsel, als het werk zal worden aangetast, zullen de werkmeesters (werkbazen), arbeiders en knechts dagelijks van doen hebben gereedschappen tot hun werk, hetzij hout, ijzerwerk, kordewagens en andere nooddruftige dingen, daarenboven kost en kleeding; al hetgeen zij uit de steden zullen moeten halen. In het kort, meest al hetgeen aan de Meer geconsumeerd en verarbeid zal worden, dat zal meestal in Holland blijven en weinig in andere landen gevoerd worden.

116. Alsdan dit groot, heerlijk, lofbaarlijk, notabel werk met de hulp van God bedijkt en in goede orde gebragt zal zijn en voltrokken, zoo zullen er eene menigte van boeren en huisluiden in de naaste steden komen met ros en wagens, ook mede met hunne granen: desgelijks met boter en kaas en met andere waren, hetwelk te lang zou wezen om te verhalen. Zoodat een iegelijk ligtelijk be-

grijpen kan (zoo als ook het gemeen spreekwoord waar is): waar het volk is, daar is nering en welvaart.

117. Hierbij zal ik nog achteraanstellen de calculatie van deze bedijking, wat ieder morgen lands, mijns oordeels, omtrent zal kosten. Voordezen heb ik dit nog eens gesteld; maar over sommige werken was ik wat te ligt geloopen, en hoop nu op alles te letten, zoo veel als doenlijk is, naar de genade, die mij de Almogende God gegeven heeft. [47]

118. Vooreerst zullen er moeten wezen omtrent 160 kloeke achtkante watermolens, waarvan elk omtrent zal kosten 5600 gulden, bedragende te zamen 869,000 gulden.

119. De Haarlemmer Meer is omtrent in het ronde 25 duizend roeden, zoo als bij raming in den omgang is bevonden, behalve het plempwerk; als men nu rondom koopt in de breedte 40 roeden lands, om daarvan te gebruiken 10 roeden tot den ringdijk, en 12 of 14 roeden tot de gemeene ringsloot, dan blijft er omtrent 16 roeden achter den dijk liggen, waar men de molens op kan zetten en stellen, en waarvan men ook de kolken en kolkdijken bekwamelijk van zal kunnen maken, en van welk overgebleven achterland men den ringdijk mede kan onderhouden. Als iedere roede lands kost 10 stuivers in koop, dat is 20 gulden iedere roede in de lengte, en men dit vermenigvuldigt met 15000 roeden, bekomt men te zamen 300,000 gulden.

120. De ringsloot zal zijn twaalf roeden in de wijdte, en acht voeten diep, is, op de lengte van eene roede, omtrent 84 schaft aarde, om den dijk mede te maken. Iedere schaft zal aan arbeidsloon omtrent kosten 10 stuivers, bedraagt iedere roede in de lengte 42 gulden, en dat vermenigvuldigd met 15000 roeden in de rondte van den geheelen omgang van den dijk, bedraagt te zamen 630,000 gulden.

121. Voor alle zaken, zal het beste wezen, dat men den ringdijk in de breedte make; want het is beter daarna den dijk op te hoopen, dan ter zijde aan te klampen of te verbreeden, en ook mede, [48]dat men den achterdijk van binnen, van de kruin af, vijf à zes roeden breeder make, dan die van de *Beemster* of andere bedijkte Meren, en de notsloot op halve diepte en op half water keerende, voor het dóórlekken en aanpersen van den ringdijk, en het water van de

ringsloot, met eenen suffisanten kadijk van achteren tot eene waterkeering en separatie van de landen; want de dijk blijvende voor het gemeen, is alzoo bekwaam en vruchtbaar tot hooilanden, als anderzins, om voor het gemeen te verhuren.

122. Ook moet de ringsloot aan de westzijde, of den geestkant, vier roeden worden verwijd, hetwelk de principale vaart en uitwatering zal wezen, die ook het eerst moet gemaakt worden, om de doorvaart van Haarlem niet te beletten, noch te verhinderen; ook niet die van Gouda, ten einde ieder wèl te contenteren; en dat wel van de Ton van Haarlem af, tot aan de Wetering toe, hetgeen is omtrent lang 7000 roeden, en iedere roede in de lengte, met den aankoop van het land en arbeidsloon, zal omtrent kosten 15 gulden, bedraagt nog 105,000 gulden.

123. De Plempwerken zijn omtrent lang 1600, iedere roede zal omtrent kosten 200 gulden. Te weten, de vóórboezem over de eilanden van *Ruigoord*, met het gat bij den Overtoom over te plempen, ook mede bij de Ton van Haarlem, desgelijks mede bij de Kaag. De Wetering, met nog meer andere kanalen en slooten, bedraagt nog, als het te zamen gemultipliceerd is, de somma van 320,000 gulden.
[49]

124. Den Ringdijk aan de westzijde, daar de principaalste vaart zal wezen, van de Haarlemmer Ton af, tot aan de Wetering toe, van buiten aan de ring-sloot geheel te beschoeijen, zal iedere roede in de lengte omtrent kosten twaalf gulden, bedraagt de 7000 roeden in de geheele lengte 84000 gulden.

125. De binnenwerken, te weten, die wegen en slooten, molentogten en vaarten, kolken en kolkdijken en andere affairen, worden doorgaans gerekend een derde deel te kosten van de buitenwerken, en bedragen dus nog omtrent 778,000 gulden.

126. Nog voor het maken van sluizen en uitwateringen, bij het huis *Ter Hart* en andere geschikte plaatsen, ook mede de kleine sluisjes, door den ringdijk, waar de molens door zullen malen, 102,000 gulden.

127. Nog voor eene rekening, indien het gebeurde, dat men de Meer het eerste jaar, als de plempwerken gemaakt zijn, niet kon sluiten, en dat men de ringsloot zoo spoedig niet op hare behoor-

lijke diepte kon krijgen, en dat de plempwerken daarom groote schade zouden lijden, zoo zal men genoodzaakt wezen, vier of vijf greenen sassen of kolken te maken, ter bekwamer plaatsen, om in en uit de Meer te kunnen varen, zoo lang totdat de Ringsloot op hare behoorlijke diepte gemaakt zal zijn, en de molens zoo veel water uit de Meer gemalen zullen hebben, dat alle plempwerken ontlast zijn, wanneer men de sassen weder zal kunnen opbreken en den ringdijk rondom in [50]haar geheel digt sluiten. Dit zal nog omtrent kosten 42,000 gulden.

128. Nog aan noordshout, om desgelijks te gebruiken tot klein schoeiwerk, met het onderhoud en het betimmeren van de watermolens, aleer men aan het kavelen komt, 83,000 gulden.

129. Nog voor den Dijkgraaf en de Heemraden, Bewindhebbers, Landmeters, Opzieners, Schuitevoerders, Boden, Knechts, enz. tot aan de kaveling toe, voor drie jaren 80,000 gulden.

130. Nog aan vier Heerenhuizen of Keten ter bekwamer plaatsen, op onderscheidene kanten van de Meer, om desgelijks residentie te houden, met vier of vijf heerenschuiten tot gerijf, (om van het eene werk naar het andere te varen,) met nog sommige houttuinen daarbij, 10,000 gulden.

131. Nog tot een' toeslag en meer andere kwade kosten in voorraad, hetzij riet, rijs, takken, hout, ijzerwerk, spijkers en arbeidsloon, als men in het bedijken is; om de plempwerken dagelijks te onderhouden, zoo lang als het water in de Meer nog kracht baren kan; om in den ringdijk de kwade steden te voorzien en nog andere kosten meer. Idem.

132. Eenige vergaderingen met de groote steden, desgelijks mede met de Heeren van Rhijnland, en andere huislieden van omliggende dorpen, om alzoo gelijkerhand in het goede met elkander te accorderen, en om alzoo dit groote, heerlijke, lofbaarlijke werk met Godes hulp te beginnen, en tot een goed einde, met alle orde, in kavelingen te brengen, 70,000 gulden. [51]

133. Nog zijn twee voorname zaken, die wel bedacht dienen te wezen. De eene is, dat de ringsloot en de trekweg mede door de stad Leiden moeten gaan, opdat het stroomende water van de molens mede door Leiden heen en weêr zou zwieren en stroomen.

134. De andere is: indien het gebeurde, dat de grond of slibber voor Sparendam begon op te droogen en te vervuilen (vermits Sparendam in eene hop of inwijking gelegen is), hetwelk de scheepvaart zou verhinderen en beletten (waarvoor ons God wil verhoeden), zoo zal men verpligt zijn de Nieuwe vaart, van Haarlem af, tot aan *het huis Ter Hart* toe, te verwijden, zoo vele roeden, als het noodig zal zijn, om aldaar eene kolk te ordonneren, en sluizen te maken, waar men altijd behoorlijk kan doorschutten op het IJ, om alzoo eene bekwame diepe vaart te behouden tot welstand van de stad *Haarlem* en van anderen, die deze vaart moeten gebruiken en van doen hebben. Voor deze twee notabele stukken wordt nog gerekend 100,000 gulden.

135. Dit alles bedraagt al te zamen zes en dertigmaal honderd duizend gulden. En als de Meer uitbrengt 20,000 morgen, zoo komt ieder morgen te kosten 180 gulden. [52]

N°.	118	ƒ	896,000.
»	119	»	300,000.
»	120	»	630,000.
»	122	»	105,000.
»	123	»	320,000.
»	124	»	84,000.
»	125	»	778,000.
»	126	»	102,000.
»	127	»	42,000.
»	128	»	83,000.
»	129	»	80,000.
»	130	»	10,000.
»	132	»	70,000.
»	134	»	100,000.
			— — — —
		ƒ	3,600,000.

[53]

KORT VERHAAL
VAN
DE MEREN, DIE IN NOORD-HOLLAND BEDIJKT ZIJN,
TEGEN
SARDAM EN DEN HUIGENDIJK

HETWELK AL TE ZAMEN GESCHIED IS NA HET JAAR 1608, EN OOK MEDE VAN DE SLUIZEN EN UITWATERINGEN, DIE UIT DIEN HOOFDE GEMAAKT EN GELEGD ZZIJN, WELKE DE NIEUW-BEDIJKTE MEREN HEBBEN DOEN MAKEN EN BEKOSTIGEN.

136. In den Eersten zoo is de Beemster bedijkt, is groot zuiver land 7545 morgen.
Nog de Purmer bedijkt is groot 3000 morgen.
De Wormer, groot 1790 morgen.
De Schermer, groot omtrent 6000 morgen.
De Enge Wormer, groot 190 morgen.
De Schalsmeer, groot 75 morgen.

137. Dit alles bedraagt 18,600 morgen, zoodat de boezem aldaar nu tegenwoordig kleiner is, dan eer de meren bedijkt waren.

138. Hiertegen hebben de Heeren van de Beemster doen maken een kanaal of eene uitwatering, beginnende van de Schermer af, voor *Ursem*, langs den [54]Walegsdijk, loopende mede voorbij *Avenhorn* en den *ouden dijk*, tot aan den kant van de Zuiderzee, met nog eene nieuwe sluis of duiker aldaar in den zeedijk gelegd, om het water te lossen.

139. Nog heeft de Beemster doen maken den grooten steenen Duiker op Sarendam.

140. De bedijkers van de *Purmer* hebben doen maken het *Sas*, op het Oost-einde van de haven van Edam.

141. De Heeren bedijkers van de *Schermer* hebben doen maken het kanaal of de uitwatering door het Kromenier en Wessaner veld,

strekkende tot aan *Nauwerna* toe, alsmede nog de steenen sluis, die op *Nauwerna* gelegd is op het IJ.

142. De bedijking van de *Wormer* heeft doen maken eene sluis op den *Nieuwendam*, die uitwatert op de Wijker-meer.

143. Tegen deze nieuwgemaakte sluizen en uitwateringen malen tegenwoordig 45 watermolens meer dan te voren op den grooten boezem deden, welke boezem omtrent 18,600 morgen kleiner is, dan toen de meren nog niet bedijkt waren. De drie sluizen, te weten de Duiker op *Saardam*, de sluis op *Nauwerna* en die op *Nieuwendam* zijn geheel tegen de Natuur aangelegd.

144. Vele menschen in Noord-Holland kennen deze gelegenheid en uitwateringen zeer wel, en weten, dat meest altijd en doorgaans in deze kwartieren de wind zuid-west, zuid en zuid-oost waait.

145. Dit maakt veel laag water op het IJ; maar [55]daartegen perst de Zaan altijd afwaarts en ten noorden aan. Desgelijks doet mede de nieuwe vaart van Nauwerna, als ook mede de uitwatering naar den Nieuwen dam, die toch zeer weinig nut en profijt kan doen, en zulks vermits die uitwatering door de Wijker-meer altijd vol geslikt en verdroogd is.

146. Alzoo is het ook mede met meest al de polders, die in Zuid-Holland liggen, die op de Schie en de Rotte malen en hare uitwatering hebben op de Maas; deze hebben eenen kleinen boezem en kunnen met zuid-weste-winden weinig water door hunne sluizen lozen, door het aanparsen van de Maas en het afparsen der kanalen.

NOTA.

147. Indien de Heeren bedijkers van de Beemster, in het begin der bedijking, met de Heeren van de uitwaterende sluizen, en met de stad Hoorn waren overeengekomen (hetwelk in het begin op een' zeer goeden voet stond), om de uitwatering te maken door Avenhorn en de Naamsloot, welke een zeer schoon, diep, regt kanaal en wijde sloot is, loopende ten naaste bij noord-oost-waarts aan, tot op den hoek van den Zeedijk bij de watermolens, staande bij het Hulkjen, strekkende voort tot aan de stad Hoorn bij den Zeedijk langs, dan hadden al deze nieuwbedijkte meren, met de oude landen daar omtrent gelegen, tegen den Huigendijk en Spaardam, al te zamen volkomen wel gediend en met hare uitwateringen wel ge-

holpen geweest; [56]ja zouden zelden of nimmermeer des winters verlegen geweest zijn met het hooge water, komende de afpersing van de Naamsloot en de afpersing van de Zuiderzee, geheel volgens de Natuur naar wensch.

148. Waarmede ik alhier wil te kennen geven, dat al de sluizen en uitwateringen, die van de *Haarlemmer Meer* tegenwoordig bij *het Huis ter Hart*, op *Sparendam* en elders zijn, al te zamen goed op zoodanige winden leggen, gansch en geheel met de Natuur zoo geschikt, als men maar zou kunnen begeeren en wenschen tot bekwame en volkomene uitwateringen.

149. Bij het bedijken der Haarlemmer Meer kan men nog overvloedig bekwame sluizen maken.

150. Zoodat men, naar mijn oordeel, dit voorschreven groot, noodwendig, lofbaarlijk, heerlijk en profitabel werk, het bedijken van de Haarlemmer Meer, niet behoort achterwege te houden, maar alle vlijt en naarstigheid behoort te doen en aan te wenden, om het werk te bevorderen, en dat buiten schade van de groote steden en van de oude landen van Rhijnland, of van iemand anders, aldaar omtrent gelegen.

151. Ik heb met reden klaarlijk aangewezen, dat, door het bedijken der Meren, meestal de boezems tegen den *Huigendijk*, het *IJ* en *Saardam* in Noord-Holland zijn weggenomen, en het water alsnu in zee lossen moet door de smalle, naauwe, lange uitwateringen en kanalen, hetgeen nog redelijker wijs gaan kan, alhoewel het met de zuid-weste-winden, die meest in Holland waaijen, tegen de [57]Natuur komt, waarmede ik hier te kennen wil geven, dat de boezem van de *Haarlemmer Meer* hier niet mede te vergelijken is, welke het water wijd en breed kan verspreiden, en dat voornamelijk in den voorboezem benoorden het *Huis ter Hart*, hetwelk op den kant van het IJ ligt; desgelijks mede in eene groote wijde ringsloot, van omtrent zestien duizend roeden in het rond, en omtrent zestien roeden wijd, min of meer; als ook in de vaart tusschen Haarlem en Amsterdam; in het *Sparen* tot aan Sparendam toe, dat mede digt aan de sluizen ligt; desgelijks mede in den Amstel, de Braassem-Meer, in de vaart naar Leiden, en meer andere slooten en wateringen, zoodat, mijns bedunkens, men zelden meer dan bevorens verlegen zal zijn met het hooge water in de ringsloot. Daarenboven kan men

ligter een half vat leêg tappen dan een okshoofd; het spreekwoord zegt: het water loopt waar het laagst is; hetgeen ook waar is: de eb moet lager loopen dan het binnenwater, indien het water in zee gelost kan worden; en het water kan genoegzaam in de Noordzee en in de Spaansche zee (*oceaan*) ontlasten, welke de moeder is van al de wateren, waar al de rivieren in uitloopen, zoo als de Schriftuur zegt, en de zee hoogt daar niet van.

152. Nog is het volgende mede een zekere regel, als het in den herfst of winter veel nat weder is en het sterk regent, zoodat de binnen-polders met hun water verlegen zijn, dan is de Haarlemmer Meer ook altijd vol water, en of dáár dan al eens eb komt, kan dit zeer weinig op zoodanigen grooten [58]waterplas bedragen. Zoodat de regte zin van al het werk is:

»Veel bekwame goede sluizen op den IJ-kant,
Doet het water wel aflossen uit het oude land."

153. Vermits ik in mijn voorgaand *Haarlemmer-Meerboek* zeer vele verschillende notabele artikelen voorgesteld en bewezen heb, wegens het bedijken en droogmaken dier meer, zoo is het, dat zich eenige tegensprekers opgedaan hebben, die dit niet kunnen lijden, en die dit noodwendig, treffelijk, heerlijk werk omver zoeken te stooten, en den octroyanten en verzoekers van dien een' bullebak voor oogen pogen te stellen, schermende met blinde slagen naar hunne eigen schaduw; gelijk aan een schip, dat zonder stuurman en zonder kompas roerloos door de zee vaart, met onbevaren volk heen en weêr zwierende, en de regte haven niet vinden kan, eindelijk door kwaad beleid geheel moet vergaan.

154. In de maand Junij 1642 is mij een boeksken ter hand gesteld, hetwelk is uitgegaan op naam van zekeren CLAES ARENTSZ. COLEVELT, *Landmeter* tot *Leiden*, of van eenen anderen wargeest, die sustineert en voorgeeft, dat het beter zou wezen, dat men de Haarlemmer en Leidsche meren water liet blijven, dan dat men haar tot goed land zou maken, hetgeen gansch en geheel is strijdende tegen mijne natuur en gevoelen.

155. Gelijk als hij hetzelve afbeeldt met een schip op het eerste blad, waarmede hij zijn gevoelen [59]wil bewijzen, daar hij lust en

pleizier schijnt te hebben, om nog met groote schepen in het midden van Holland door de veenen te varen, al zou ook alles bederven en in ruïne loopen wat daaromtrent is.

156. Daarbij stelt hij, dat verandering en nieuwigheid zwarigheid baren.

157. Als dat waar zou zijn, dat men geen ding zou mogen veranderen, vernieuwen of verbeteren, zoo zouden onze voorouders in vele zaken dapper gemist en gedoold hebben, welke voor ons den weg bereid hebben, waardoor nu Holland, door den zegen des Heeren, in vele treffelijke werken opgekomen en verbeterd is.

158. Omtrent drie honderd jaren geleden, was Holland nog gansch en gaar weinig, en was op vele plaatsen weinig met volk bewoond. Toen ter tijd lagen de lage landen in Zuid- en Noord-Holland nog met de buiten-waters gelijk, en vele dammen en zeedijken waren nog niet gesloten noch gestopt, zoodat meest al die landen weinig goede vruchten konden dragen, anders als riet, rap, bobelen, biezen, dompen en ander onkruid, zoodat men daar weinige koebeesten op kon houden.

159. Het is omtrent honderd vijf en zeventig jaren geleden, dat er niet één watermolen in Zuid- of Noord-Holland was, om de landen droog te houden, gelijk mij van verscheiden geloofwaardige lieden van Delft verhaald is. Was dat in het eerst ook niet eene groote verandering en nieuwheid? Daardoor zijn nu al die voortreffelijke landen, door [60]Gods zegen, opgekomen, verbeterd en gebeneficeerd, gelijk ook mede door de watermolens zoo vele groote meren en moerassen droog gemaakt en tot land gebragt zijn, zoo als hiervoren verhaald is.

160. Is dit niet een der principaalste middelen, waardoor Holland opgekomen is? Alsmede door de zeevaart: welke middelen onze voorouders met groote naarstigheid behartigd hebben, en waartoe de Almogende God Zijnen zegen heeft gegeven.

161. Waarmede ik alhier te kennen wil geven en aan COLEVELT gevraagd wil hebben, of deze veranderingen eenige zwarigheid of schade baren? Ik kan zulks niet zien noch bemerken. Wat waren meest al de steden in Noord-Holland? Wat was Amsterdam voor drie honderd en vijftig jaren? Maar een visschersdorp, hetwelk nu,

door Gods zegen, door verscheiden middelen en nieuwigheid, eene treffelijke koopstad is geworden, waar nu al die heerlijke, schoone, treffelijke gebouwen getimmerd zijn en waar nu bijna de beste gelegenheid tot de scheepvaart is, die in Europa te vinden is, en nog daarbij al die schoone, heerlijke en sierlijke beplanting op de straten en burgwallen, gelijk eene koningswarande, waardoor Amsterdam nu wel eene nieuwe wereld, of eene wereld op zich zelve genoemd mag worden.

162. Indien COLEVELT elke verandering en nieuwigheid omver wil smijten, dan kan men ook wel zeggen, dat de handel op Oost-Indiën ook eene nieuwigheid is, welke gedurende mijn leven is opgekomen, en waarvan DIRK VAN OS, een van de eerste [61]oprigters (*auteurs*) van is geweest, zoo als ik hem zelven heb hooren verhalen, welke handel nu bijkans zoo magtig is als menige Koning.

Om nu te komen tot de verandering van de andere Noord-Hollandsche steden.

163. De stad *Alkmaar* heeft, gelijk men zegt, haren naam gekregen van *Al-meer*, omdat zij rondom tusschen meren gelegen was; zij was in dien tijd ook van geene beduidenis, maar nu is zij eene bekwame, wèlgeordineerde Land-stad, met voortreffelijke marktdagen.

164. Wat was *Hoorn* in vroegeren tijd? Niets. Waar de stad Hoorn nu ligt, waren eenige huizen en werden genaamd: het *Hoorntje*; zoo als ik voorheen wel door een' oud man van Groosthuizen heb hooren verhalen. Thans is Hoorn door de verandering eene bekwame stad en wel eene zeestad.

165. Men zegt, dat *Enkhuizen* haren naam gekregen heeft van *Enkele* huizen, omdat daar eenige huizen bij elkander stonden, welke plaats nu door de verandering en den zegen des Heeren de principaalste zeestad is, voor de groote visscherij en haringvangst.

> Hadden onze Voorouders voor ons niets gedaan,
> Holland had ook ligtelijk tot niet gegaan.
> Maar omdat zij voor ons gestreden hebben als helden,
> Zijn voor ons nu bereid veel schoone weiden en velden,
> Met nog daarbij, heerlijke woningen abondant,
> Zoodat wij nu veilig wonen in ons Vaderland.

166. Ik zal nog een weinig verhalen van COLEVELT voorstellen, vermits hij in zijn boeksken spreekt [62]van den grooten boezem; welke zaak ik reeds genoegzaam in het voorgaande heb afgedaan: ook vraagt hij, wie zal verzekeren, dat het bedijken van de Haarlemmer Meer goed gelukken zal? Is dit niet eene dwaasheid? het schijnt, of COLEVELT wel van alles verzekering zou willen hebben.

167. Waar is ter wereld eenig Keizer, Koning, Vorst, Prins of Heer; die zoo rijk, zoo wijs, of zoo magtig is, dat hij iemand zekerheid kan geven van rijkdom, tijdelijke middelen, goederen of haven? Staan wij niet allen onder de hand Gods, en moeten wij niet alles van den zegen des Heeren verwachten, en op Zijne Genade betrouwen? Bouwt de akkerman niet, op hoop, dat hij vruchten zal genieten? Werpt de visscher zijn net niet uit op hoop van goede vangst? Begint de schipper zijne reis niet in hoop, dat hij dezelve zal volbrengen? Waren de Heeren bedijkers van de Beemster al verzekerd, toen zij het werk aanvingen? welke Beemster nu, God lof! eene zoo heerlijke en voortreffelijke landsdouwe is. Waren de bedijkers van al die Meren, welke ik in mijn Meerboek heb opgeteld, zes en twintig in getal, bij den aanvang, al verzekerd van eenen goeden uitslag? welke Meren nu alle drooggemaakt en tot land gekomen zijn. Waren de Bewindhebbers der O. I. Compagnie al verzekerd, toen zij hunne zaken het eerst aanvingen? Ik denk neen. Wie is hier ter wereld zoo dom (*slecht*) of zoo onverstandig, dat hij zijne zaken op schade aanlegt? Niet dat ik hiermede zou willen beweren, dat men zijne zaken ligtvaardig en onbedacht kan [63]beginnen, maar dat ieder zijn best behoort te doen, om zijne zaken zoo goed mogelijk aan te leggen en te bezorgen, en alsdan het overige den Heere moet aanbevelen.

168. Nog, zegt COLEVELT, heeft men het ongeluk in Holstein niet gezien, hoe het met de Meggerzee, Butsloot en het Noorderstrand is gegaan? Maar naar mijn oordeel is dit onbedacht gesproken.

169. Heeft de Almogende God niet duizende middelen om de menschen te straffen, om der zonde wille, welke (God betere het!) in Oostland veel geschiedt? Zijn Sodom en Gomorra niet om hare misdaad en zonde ten onder gegaan? Daarom laat ons de zonde

altijd vlieden en mijden, opdat ons de plage mede niet over het hoofd kome!

170. *Colevelt* zegt mede, dat men, door het bedijken der Meer, het grootste deel van de meervisch zal verliezen! Maar daarentegen zal men wederom schoone vischvijvers bij de huizen en erven kunnen maken, om daarin weder de visch te planten en te doen groeijen.

171. Behalve dat zal er in de molentogten, de kruisvaarten en de slooten een overvloed van graauwe aal, karper en andere visch komen. Zoo ook in de groote, wijde ringsloot rondom de Meer.

172. Daarenboven zijn de veenen, die nabij de steden Leiden, Amsterdam en Haarlem gelegen zijn, zeer waterrijk, zoodat daarin nog genoeg Meervisch zal te vinden zijn. Ook blijven de Zuiderzee en het IJ in vollen stand en vorm, zoodat daar genoeg visch in kan groeijen als te voren. [64]

173. Denkt daarentegen, hoe vele schoone vruchten men in de bedijkte meer zal kunnen genieten, boter, kaas, velerhande vleesch, gevogelte, hoenders en eijeren, en vele gewassen, te lang om hier op te noemen en hetgeen ik ook reeds vroeger verhaald heb. Met al hetwelk men wel twintigmaal meer menschen zal kunnen voeden, dan met de Meervisch.

174. Alzoo nu mijn Meerboek bijna geëindigd is, en naar mijn oordeel deze stof voldoende is afgehandeld, zal ik nog eens tot het voorgaande terugkeeren, en stellen hier nog drie gedichten op het bedijken van de Haarlemmer Meer.

(*Nu volgen er drie gedichten, die geene de minste kunstwaarde bezitten en die wij alzoo zullen achterlaten*).

Alzoo ik, JAN ADRIAANSZ. LEEGWATER, dit mijn *Meerboek*, en mijne groote kaart, voor dezen met eene goede meening gedaan en gemaakt heb, tot welstand en ter voorbereiding tot het bedijken en droogmaken der Haarlemmer Meer, welke kaart ik aan verscheidene Heeren vertoond en geschonken heb: al hetwelk ik gedaan heb niet door iemand hiertoe aangespoord, maar als een liefhebber en minnaar der welvaart van het Vaderland, zoo hoop ik, dat ik hiervoor nog zal genieten eenige recompens of vereering voor mijnen langdurigen arbeid en moeite, en dat het gewone spreekwoord waar zal zijn:

»*laborem mitigat merces.*"
Het loon verzoet den arbeid.

[65]

Hiermede wil ik mijn schrijven afkorten. Zoo ik hierin wat gedwaald mogt hebben, hetgeen niet zoo goed getroffen is, als in het bedijken gevonden kon worden, dat bid ik UE. Heeren, mij ten beste en ten goede te houden, en zoo ik in het vervolg nog iets goeds heb, hetgeen tot profijt en voordeel van de bedijking en tot 's Lands welvaart zou kunnen strekken, dat wil ik te allen tijde mededeelen en alzoo het land dienen met de gaven, die mij de Heere geeft.

De Almogende, Goede, Barmhartige en Genadige God, die Hemel en aarde geschapen en gemaakt heeft, die wil Zijnen zegen hierover uitstrekken, en geven UE. al te zamen een gerust en vredig lang leven, en het allerbeste naar ziel en ligchaam, en hier namaals, het alleropperste goed hierboven in den Hemel met alle geloovigen en vromen, die hetzelve uit genade zullen bezitten in der eeuwigheid. Amen.

(*Nu volgen nog twee gedichten en voorts de spreuk:*)

Nihil ab omni parte beatum.

(*en daaronder:*)

J. A. L. W., Ingenieur,
ende Molenmaker van de Rijp.
1643.

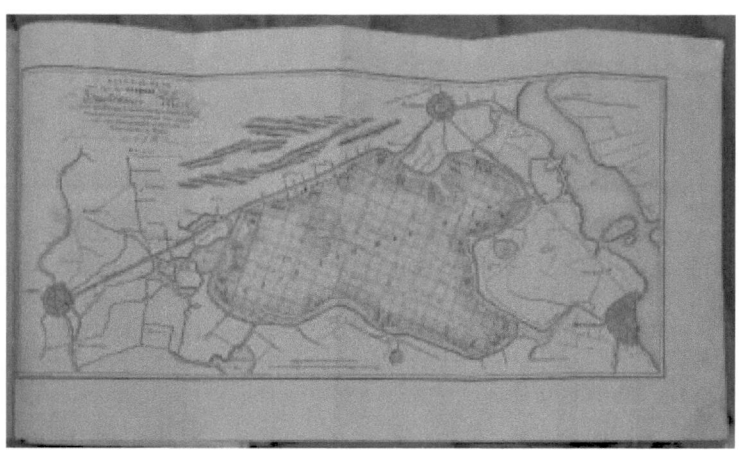

[66]

AANTEEKENINGEN.

Haarlemmer-Meerboek. — De titel van den eersten druk luidt woordelijk: »*à dieu seul honneur et gloire*. Haerlemmer-Meer-Boeck, dienende tot remonstrantie, verklaringh ende voorbereydinghe om de Haerlemmer- ende de Leytse-meer te bedijcken. Als oock van de diepten, gronden en de nuttigheydt derselver. Midtsgaders: van meest alle de Meeren die in Noort-Hollandt teghen den Huygendijck en Saerdam bedijckt en tot land gemaeckt zijn, zedert het jaar 1608, geduerende tot het jaer 1641. Beschreven door JAN ADRIAENZ LEECH WATER, Ingenieur en Molenmaecker van de Ryp in Noort-Hollant."

Zoo ook luidt de titel van den *derden druk*; doch op denzelven slaat nog: »door d' Autheur een vijfde part vermeerdert."

De 8ste druk, dien ik in deze heb gebruikt, mist de Fransche spreuk, doch heeft de woorden: "den achtsten druk wederom met verscheyden notable Artykelen een zesde part vermeerdert, ende ook met eenige tegenspraak van COLEVELTS Boeksken." Hetgeen waarschijnlijk ook op de titels der vierde en volgende uitgaven gevonden wordt. [67]

De eerste druk is in geene paragraphen of nummers verdeeld. Men mist er ook alles, wat in N°. 7 tot en met N°. 33, in N°. 42 tot en met N°. 45, en in N°. 57 is vermeld, alsmede de optelling der bedijkte plassen in N°. 65 en hetgeen men in N°. 72, in N°. 153 tot en met N°. 174 vindt. De verdeeling in Nummers of Paragraphen heeft echter reeds in den derden druk plaats.

Bl. 3. *De Haarlemmer Meer.* — In het werk van LEEGHWATER heb ik het woord *Meer* vrouwelijk gelaten, omdat hij het als zoodanig heeft gebruikt. Het woord is in onze taal zoowel *vrouwelijk* als *onzijdig*. — Men zie BILDERDIJK'S *Geslachtlijst der Naamwoorden.* — In mijn eigen werk heb ik mij naar het thans algemeen gebruik gevoegd en het woord als onzijdig gebezigd.

» *Voorbereiding*, dit is *plan*.

» *Prins van Oranje*, te weten Prins FREDERIK HENDRIK, aan wien en aan de overige bij de opdragt vermelde personen, waarschijnlijk al hetgeen in den eersten druk staat, is ingeleverd. Misschien wel bij wijze van verzoekschrift, om *octrooi* te erlangen tot het bedijken van het Meer.

» *Lofbaarlijke*, dit woord gebruikte LEEGHWATER veelvuldig, het is *lofwaardig*; wij hebben nog in onze taal *schrikbaarlijk, wonderbaarlijk*, enz.

Bl. 4, N°. 1. *Zoo dat de vrees niet ongegrond is.*

Bij LEEGHWATER staat: *hetwelk te bedenken staat*, eene spreekwijze, thans niet meer in gebruik; wij hebben echter hiervan nog het woord: *bedenkelijk, die zaak is bedenkelijk.*

Ald. N°. 2. *Een kenning.* Eene zeer onbepaalde maat, zoo ver als men *zien, kennen, herkennen* kan, *een gezigt ver.* Het woord komt ook voor bl. 7, N°. 10.

» *Geloofwaardige*. LEEGHWATER zegt: *loofwaardige*, eene Noord-Hollandsche spreekwijze. [68]

Ald. *Bij eenen landmeter*, oude spreekwijze voor: *door* eenen landmeter.

Bl. 5, N°. 3. *'t Land van de Vennep en het land van den Ruigenhoek.* Het land van *Vennep* was eertijds zeer uitgestrekt, en aan het vaste land vast; men kon van dáár over *Aalsmeer* en *Amstelveen* te voet naar Amsterdam gaan. (Zie ook V. LEEUWEN, *Bat. Ill.*, bl. 140). Nog tegenwoordig heeft men te *Hillegom* de *Venneper laan*, die naar het Meer loopt. *Vennep* is een klein eilandje in het Meer, naast *Beinsdorp.* (Zie over *Vennep*V. MIERIS, *Beschr. van Leyden*, II D., bl. 601).

Het *land van den Ruigenhoek* ligt niet ver van *Aalsmeer*, eenigzins westwaarts van dáár.

Ald. N°. 4. *Het zwoord van het land*, is het bovenste gedeelte, de huid van het land, de bovenste korst, waarschijnlijk van *waren, bewaren.*

» *Nieuwerkerk*, was weleer een welvarend dorp. Thans geheel, even als *Vijfhuizen, Rijk, Rijkeroort, Burgerveen* en *'s Greegelsgeregt*, door het Meer verzwolgen.

» *De schoor van het land*; men noemt *schoor, schor, schorre* den aanwas, den aanworp van het land; het *slijkland, gors*. Het duidt in het algemeen aan land, dat boven water ligt, ook wel *strand* of *oever*.

» N°. 5. *Dat zijn Vader zich herinnerde*. Bij LEEGHWATER staat: *'t welk zijn vader mogte gedenken*; verouderde spreekwijze, wij zeggen nog in die beteekenis: *gedenk mijner*, voor *herinner u mij*.

Bl. 6, N°. 7 tot en met 33 worden niet in den eersten druk gevonden.

Ald. N°. 8. *Rafter*, is een *stuk ruw hout*. Zie KILIAAN op het woord. In *het taalkundig woordenboek* van WEILAND komt het niet voor.

Bl. 8, N°. 14. *Dat in dien tijd de mond van de Spiering-Meer geheel digt was*. Men zie de kaart door ons bij [69]dit werk gevoegd, waar men zien kan, dat het *Spiering-Meer* bevorens een geheel afzonderlijke plas was.

De kaart van 1531 zou, volgens G. SCHOENMAKER, *in de aanteekening op de Noord-Hollandsche Arcadia van*KL. BRUYN, bl. 481, vervaardigd zijn door PIETER BRUINSEN, *Landmeeter van Rijnland en Kenmerland*.

Bl. 8, N°. 14. *Dat daartoe geene waterlozing bij het huis ter Hart was*.

Het is onzeker, wanneer de sluizen bij half weg *Haarlem* het eerst gelegd zijn. In 1364 heeft Hertog ALBRECHT aan die van Rhijnland eene Handvest verleend, om sluizen te mogen leggen tusschen Amsterdam en Spaarndam, waarbij bepaald werd, dat door deze nimmer eenige doorvaart zijn mogt van groote schepen; ook mogt hier nimmer een overtoom gemaakt worden of eenige overslag van goederen over den dijk plaats hebben. Welligt is alzoo de oorsprong der sluizen op Halfweg aan deze handvest toe te schrijven.

Het *Huis ter Hart* is thans meer bekend onder den naam van *Zwanenburg*; S. VAN LEEUWEN zegt in zijne *korte beschrijving der stad Leiden*, bl. 156, dat hier weleer het adellijke huis *Polanen* stond. (Zulks is ook het gevoelen van SOETEBOOM in zijne *Saanlandsche Arcadie*, III^{de} Boek). Dit wordt echter door anderen betwijfeld, die beweren, dat het huis *Polanen* een weinig meer naar de Amsterdamsche zijde, niet ver van de tegenwoordige trekvaart, waar later de lustplaats van den Heer KLAAS KORNELISZ KALFF was, heeft gestaan. *Zwanen-*

burg is het gemeen-landshuis van *Rhijnland;* de tijd der stichting is mij niet gebleken. G. SCHOENMAKER zegt, dat de naam *Zwanenburg* waarschijnlijk eerst zal hebben aangevangen na de vertimmering in 1660, en ontleend van de *Zwanen,* die boven ieder der stijlen van den ingang werden geplaatst. [70]

Bl. 9, N°. 15. *Zoo zou de Meer met de Drecht gemeen wezen.* Over de betrekking van het Haarlemmer Meer en de Drecht, kan men zien het in den jare 1825 geschreven werkje van den kortelings overledenen ijverigen en werkzamen JACOB DE JONG, Dijkgraaf van het *Heemraadschap van den Amstel en Nieuwer Amstel,* getiteld: *De Amstel, de Drecht en de Aar voor groote schepen bevaarbaar gemaakt.*

Ald. *Het Griet.* De Griet is een polder, tusschen *Leimuiden* en het *Meer,* waarvan zeer veel is weggespoeld, zoodat het gedeelte van het Meer, dat er tegen aanspoelt, mede *het griet* wordt genoemd.

Bl. 10, N°. 20. *Zoo dat deze waterwolf alles vernielt wat daaromtrent is.* C. VELSEN geeft, in zijne *aanmerkingen over de tegenwoordige staat van de Haarlemmer Meer,* eene opgave van de landen, die na LEEGHWATER, tot op zijnen tijd (1727), door het Meer zijn weggespoeld.

» 11, N°. 24. *Hoorn. Hoorn,* niet ver van de stad Leiden.

» 12, N°. 24. *Begon te leggen,* er staat *slissen.*—*Slissen* is eigenlijk *slechten, effen-glad maken, complanare.* Zie KILIAAN.

Bl. 13, N°. 27. *Dat de droogte van Pampes daar nog dagelijks door gevoed wordt.*—Wijlen mijn vriend M. G. BIBEN heeft in den jare 1828 twee zeer belangrijke *verhandelingen* in het licht gegeven, *over de aanslibbing der haven van Amsterdam en de afdamming van Pampus.*

Bl. 16, N°. 36. *Rhijnlandsche roede.*—*Eene Rhijnlandsche roede* is 3 Ellen, 7 Palmen, 6 Duimen, 7–4/10 strepen Nieuwe Nederlandsche maat; *een Rhijnlandsche voet* is 3 Palmen, 1 Duim, 3–9/10 Strepen.

» 17, N°. 41. *De waard.*—Geene bedijking had met zoo vele tegenspoeden te kampen als de *Wieringer-waard,* waartoe reeds 5 September 1595 verlof werd gegeven, doch welk meer eerst in 1611 is gekaveld. [71]

Bl. 18, N°. 41. *Voor 's Hertogenbosch.* In de *kleine kronijk,* bl. 40, N°. 49, zegt onze schrijver: »Nota, dezelve JAN ADRIAANSZ. LEEGHWATER, heeft ook gewerkt in 't leger voor *'s Hertogenbosch,* alwaar hij grooten dienst gedaan heeft voor den Prins, met molens te ordineeren en te stellen, om het water uit te malen, 't welk groot voordeel heeft gegeven om dezelve onwinlijke stadt winlijk te maken, gelijk gebleken is."

Ald. N°. 42 tot en met N°. 45 wordt in den eersten druk niet gevonden.

» N°. 42. *In het jaar onzes Heeren*, te weten in 1628.

Bl. 20, N°. 46. *In het labeur wezen.* — Zoo staat er bij LEEGHWATER: het is het Latijnsche *in laborem esse*, bezig, werkzaam zijn.

» 21, N°. 47. *Ronde Goden.* — Wat *ronde Goden* zijn, heb ik niet kunnen ontdekken.

» 21, N°. 48. *De Beemster.* — LEEGHWATER heeft de bedijking der *Beemster*, in zijne kleine kronijk, bl. 27, aldus beschreven:

»In den eerste, de verzoekers en octrooijanten van de *Beemster*, die met Gods hulp dit heerlijke treffelijke werk eerst bij der hand genomen hebben, waren bij namen de navolgende perzonen; de eerzame, vrome koopman, DIRK VAN OS met zijn broeder HENDRIK VAN OS, Burgemeester BOOM, ARENT GROOTENHUIS, met zijn broeder HEINS GROOTENHUIS, JAN KLAASZ KROOK, goutsmit; deze zes personen waren woonachtig te Amsterdam, met nog den bailjou van Oosthuizen, genaemd VOLLENHOOF, die mede een octrooijant was, die de eerste dijkgraaf geweest is die de Beemster bediende.

»2. De namen van de vier principaalste Landmeters waren deze navolgende personen, (die de *Beemster*, aldereerst de ringdijk, daarna de wegen en sloten, en de cavelingen, met advys van de E. Heeren bedijkers, gerooit [72]en gesteld hebben) M^r. LUICAS JANSZ. SINK van Amsterdam, met M^r. JAN PIETERSZ. DAN van Leiden, met AUGUSTYN BAS van Alkmaar en Schout REIER van Warmenhuyzen.

»3. De eerste Secretaris was van Purmerend, genaamd RIWERT CLAASZ, een zeer bekwaam man tot zoodanige diensten, en JAN ADRIAANSZ. LEEGWATER van de Rijp, was van de E. Heeren gesteld waar te nemen het fabrijken en stellen van de watermolens.

»4. De *Beemster* was een water van omtrent zeven mijlen in het rond en na mijne meting omtrent zes voeten diep. De bedijking van dezen is een zeer treffelijk werk geweest, strekkende tot groot profijt, niet alleen voor het gemeene Land, maar ook voor vele arbeiders, die hun brood daaraan wonnen, en waardoor nu nog dagelijks, droog geworden zijnde, vele duizend menschen gespijst worden.

»5. De besteding van de watermolens van de *Beemster*, is geschied in het jaar 1608, op nieuwe jaarsdag, in het openbaar tot Amsterdam, op den Nieuwen dijk tot ANNA FRANKEN, en die den eersten molen aannam was van Delft, genaamd DE BOER.

»6. De eerste aanbesteding van het dijkwerk werd gedaan tusschen Purmerend en Nek, op den 10^{den} April 1508, waarvan een groote menigte van volk tot Purmerend op het kasteel vergaderd was. De aannemer van het eerste park was van *Burghorn*, zijn naam was JAN ADRIAANSZ. JONGKINT, welke een ton bier van de Heeren ten beste kreeg, omdat hij het eerste park gemijnd had.

»7. Een zeker Engelschman, aangenomen hebbende een groot stuk dijks, begon daaraan te werken, doch is, door het geweld van het water, vermits de dijk zeer lang was, verhinderd hetzelve uit te voeren, en moest tot zijn groote schade, de wijk nemen. [73]

»8. Daarna heeft men beginnen te raadslagen hoe dat men het Spijkerboorsgat zou stoppen, hetwelk kwaad om te doen was, overmits de scheuring eene groote diepte aldaar maakte; dit werd met balken en heiwerk, en aarde daartusschen ingeworpen voltrokken, zulks dat men haast over dezen dam kon gaan.

»9. Daar is ook eene uitwatering besteed, die begonnen is voorbij *Ursem*, langs Walingsdijk, daar nu de vaart tusschen Alkmaar en Hoorn is; voorts liep het voor bij *Avenhorn*, en zoo allenskens in zee. De andere uitwatering was na *Sardam*, alwaar de Heeren van de *Beemster* eene nieuwe sluis lieten leggen, om het water te lossen.

»10. Men zag met er haast vele watermolens rondom de *Beemster* stellen, om na het sluiten van den Ringdijk het water uit te malen, hetwelk in vier jaren tijds volbracht is.

»11. Doen de *Beemster* ten naastebij droog was, zoo dat men daar niet langer met schuiten over varen kon, zoo is aldaar in de zomer veel volks in gegaen met manden en zakken, na de kil toe, door de slibber en heeft aldaar bij menigte visch en aal met handen gegrepen, en t' huis gebragt, gelijk ik zelfs mede gedaan heb.

»12. Doen de *Beemster* eerst droog geworden was in het jaer 1612, den 4^{den} July, dat men de wegen redelijker wijze kon gebruiken, hebben de E. Heeren bedijkers van de *Beemster*, den Prins MAURITIUS, met zijnen broeder, Prins HENDRIK, met meer groote Heeren en Edelen daer bij wezende, verzogt, en genoot om in de *Beemster* te komen, om hunnen maaltijd aldaar te houden in 't Heeren huis; hetwelk ik JAN ADRIAANSZ. LEEGWATER mede gezien heb, en den tafel mede heb helpen bedienen.

»13. Op den zelfden dag, voor den maaltijd, is de [74]Prins MAURITIUS, met zijn adel en *suite* na de *Rijp* getrokken, alwaar hij zeer treffelijk ingehaald en ontvangen werd, waarvan JAN SYPERSZ., een braaf jongman, eene fraaije vrijster bij hem hebbende, allereerst den Prins gewelkomd heeft, en hij heeft haer elk met een stuk gouds vereerd.

»14. En alzoo daer nog geen brug bij *Rijp* over de ringsloot was, daar men over gaan konde, zoo was schipper JAN IJSBRANTSZ. van de *Rijp*, die een liefhebber van den Prins was, de aanlegger om een brug te ordineren met schuiten en pramen, mede met planken en deelen op het spoedigste te maken en te stellen, zoo dat die brug wel gereed lag doen die Prinsen en Heeren in de *Rijp* kwamen, en daer bekwamelyk over gaen konden.

»15. Alzoo die loffelyke dykagie van de *Beemster* door den zegen des Heeren alle jaren zeer treffelyk begon aen te wassen en te vermeerderen, zoo waren die van *Rijp* zeer begeerig om een wagenbrug by de *Rijp* over de Ringsloot te hebben, waarvan MEINERT CORNELISZ. SALM, een van de vroedschappen van de *Rijp* was, die aan de E. Heeren Bedykers van de *Beemster* verzogt en verkregen heeft, aldaar een wagenbrug te leggen, waarvan de Heeren bedykers het hout daartoe gegeven hebben, en die van de *Rijp* hebben die brug uit een goede gonste ter liefde gemaakt, in twee halve dagen, waarvan ik, JAN ADRIAANSZ. LEEGWATER, het fabryk met het timmeren van de brug waargenomen heb.

»16. Zoo haast die brug gemaakt was, zoo was IJSBRANT JANSZ. DE LANGE, zeer begeerig, en heeft zyn wagen en paard op den zelfden dag gehaald op het spoedigste, en is allereerst over die brug in de *Beemster* gereden, welke voorz. brug al daar sommige jaren tot een behulp gelegen heeft. Deze voorz. brug is gelegen in het jaar 1613, op den 29sten Maart, en doen is de eerste wagen [75]uit de *Beemster* over die brug in de *Rijp* eerst gekomen."

Men leze over de *Beemster*LE FRANCQ VAN BERKHEY, *Nat. Hist. van Holl.*, I^ste Deel, bl. 76; A. WOLF, *de bedijking van de Beemster; Historisch berigt wegens* JOOST JANSZ. BEELDSNIJDER, door J. KONING, geplaatst in het V^de Deel der werken van de 2de klasse van *het Koninkl. Ned. Instituut*, enz.

Ik kan mij niet onthouden hier te plaatsen de regels van VONDEL,

OP DEN BEEMSTER.

De wintvorst, om den rouw van Hollants Maeght te paeien,
    Vermits door storm op storm zy schade en inbreuk leê,
Schoot molenwieken aen, en maelde, na lang draeien,
    Den Beemster tot een' beemt, en loosde 't meir in zee.
De zon verwondert, zagh de klay noch brak van baren,
    En drooghde ze af, en schonk ze een' groenen staetsikeurs,
Vol bloemen geborduurt, vol lovren, ooft, en airen;
    En toiende heur hair, bestroide het vol geurs.
De room en boterbron quam uit haer borsten springen,
    Het vissigh lyf wert vleesch, noch maeght en ongerept,
Haer voorhoofts torenkroon quam door de wolken dringen,
    Gelijk gemeenlyk weelde in hoogheit wellust schept.
Hier jaeght de winthont 't wilt: hier rijt de koets uit spelen.
    Men danst, men banketteert in 's koopmans ryke buurt.
Hier lacht de goude tyt in lieve lustprieelen,
    Die voor geen oorlog schrikt, noch kiel op klippen stuurt.
Verzier van Cypris hoe zy Cypers quam bekoren:
Ik weet dat dees Godin uit zeeschuim is geboren.

Poezy II.

Bl. 21, N°. 48. *Na de bedijking heeft ieder morgen omtrent* 250 *gulden gekost.*—Een morgen lands is bij ons groot 600 Rhijnlandsche roeden, oude maat, of 85 [76](vierkante) roeden, 15 el, 79 palmen, 16 duim nieuwe maat; of 85157916/100000000 van een Bunder. Gewoonlijk geldt het morgen lands in de *Beemster* thans tusschen de *f* 650 en *f* 750. De grondlasten, polder-omslagen, dijkgelden, enz., kan men per jaar op *f* 12 à *f* 14 stellen.

Bl. 24, N°. 57. Hetgeen in dit N^o. staat wordt in den eersten druk niet gevonden.

Ald. N°. 57. *Kroosing* komt van *kroos*, kroes, kroost, *kroost*, *intestina, venter cum intestinis, het inwendige,* ook *ronding; kroes* is een ronde drinkbeker.

» N°. 60. *Welke kleibodem doorgaans dik is* 7, 8 à 9 *voet en meer.* — Bij den Heer Baron VAN LYNDEN vindt men bl. 302 een proces-verbaal van een in den jare 1812 plaats gehad hebbend onderzoek der diepten van water en van den aard en de gesteldheid der gronden beneden het water van het Meer, opgemaakt door de Heeren A. HANEGRAAFF, S. KROS en J. VAN LAKERVELD BLANKEN, waaruit men echter moet opmaken, dat de kleibodem doorgaans zoo dik niet is als LEEGHWATEr hier opgeeft.

» N°. 61. *Dan is het meest altijd laag water op het IJ.* Er staat in het oorspronkelijke: dan is het meest altijd *leeg-water,* enz. Ook in N°. 24 staat *leger* voor *lager.* Dit zou het vermoeden kunnen bevestigen van hen, die meenen, dat LEEGHWATER zijnen naam van *laag-water* ontleende.

Bl. 26, N°. 62. *Plempwerk.* — Van *plempen,* in de beteekenis van *dempen, digtmaken.*

» 27, N°. 65. *De veelvuldige Meren en Moerassen, die in Noord-Holland vóór en na de Beemster bedijkt zijn.* De Heer Baron VAN LYNDEN geeft, bl. 34 zijner *verhandeling, eene staat der droogmakingen, zoo in Noord- als in Zuid-Holland.* De eerste bedijking was in 1440 van het *Neschmeer* in Noord-Holland. Volgens dien staat zijn in dat gewest van 1440 tot 1645, als wanneer [77]het *Sapmeer* is bedijkt, 43 meren en plassen tot land gemaakt, te zamen ruim 42617 morgen uitmakende. En in Zuid-Holland, met een klein gedeelte van Utrecht, vanaf de droogmaking van het *Soetermeersche Meer,* in 1614, tot die van het *Bijlmer-Meer,* in 1820, 40 Meren en Polders, te zamen uitmakende ruim 35793 Morgen.

HELMERS zingt in *zijne Hollandsche Natie* (I^{ste} Zang) niet ten onregte:

»Stijg, Beemster! Purmer stijg! meldt, welige valleijen!
Op wier beklaverd veld thans vette kudden weijën;
  Vermeldt den voorspoed aan der oud'ren vlijt verpligt!
  Uw welvaart zegt ons meer dan 't schoonste lofgedicht.
o Grond! in vroeger eeuw in schuimend nat bedolven!
o Grond! door 't voorgeslacht gewoekerd uit de golven,
  Gij dondert ons in 't oor met onweêrstaanbre kracht:
  Bemint uw vaderland, vereert het voorgeslacht!
Hun brein, dat tot uw nut heel d' aardbol had omvademd,
Schiep 't land dat gij bewoont, den luchtstroom dien gij ademt."

LEEGHWATER noemt op zijne *lijst de oude en nieuwe Zijp*; deze werd eigenlijk reeds in 1553 bedijkt, doch brak later in 1570. De tweede bedijking had in den jare 1572 plaats; doch in het zelfde jaar bezweek de dijk weder. In 1595 hervatte men de bedijking, die, hoezeer nog eens ingebroken zijnde, echter in dat jaar tot stand kwam. Zie de *cronycke van*LEEUWENHORN, uitgegeven door D. ASZ. VALCOOCH, bl. 88.

De optelling dezer in N°. 65 vermelde drooggemaakte Meren vindt men in den eersten druk niet.

Bl. 28, N°. 66. DIRK VAN OS*met zijn broeder*HENDRIK VAN OS, *het eerste jaar toen de Beemster droog geworden was geteeld zeven duizend zeven honderd drie en vijftig zakken koolzaad*. LEEGHWATER geeft niet op, hoe veel lands deze gebroeders VAN OS in de *Beemster* bezaten; [78]zeker is het, dat DIRK VAN OS de voornaamste belanghebbende in die bedijking was. Men zie *Extract uit het octrooi van de Beemster met de cavelconditiën*, gedrukt te *Purmerend*, 1696, in 8°.

Bl. 29, N°. 67. *De volger weg* is de weg, die van *Purmerend*, of liever van de kruissloot, tusschen die stad en *Quadyck*, naar *Volger*, bij *Spijker-boort*, loopt; hij is bijna 2040 Rhijnlandsche roeden (7685 Nederlandsche ellen) lang.

Ald. N°. 69. *De Beemster kan ieder jaar nu wel opbrengen aan landhuur twee maal honderd en vijftig duizend gulden aan vrij geld.* Een mijner vrienden gaf mij op, dat hij van zijn land in de *Beemster* rekende jaarlijks ƒ 33 à ƒ 34 vrij geld per morgen te ontvangen. Hetgeen over de 7645 morgen, die de *Beemster* groot is, wederom ten naaste bij de door LEEGHWATER opgegeven som uitmaakt.

Bl. 31, N°. 72. Hetgeen in dit N^o. staat mist men mede in de eerste uitgave.

» 34, N°. 78. *Fabrijk.*—Eertijds werd de opziener over de stadsgebouwen de *fabrijk* genoemd. Dit heeft in sommige steden nog wel plaats.

Ald. N°. 80. Mijn zaligen vader ADRIAAN SYMONSZ. LEEGHWATER.—Men zou hieruit kunnen opmaken, dat de vader van onzen Schrijver zich ook LEEGHWATER noemde; doch het komt mij waarschijnlijk voor, dat LEEGHWATER, dien naam hebbende aangenomen, denzelven ook aan zijnen vader toevoegde, die zich mede met het leegmaken van plassen schijnt bezig te hebben gehouden.

Bl. 36, N°. 87. S^r. VAN BAERLE.—Eertijds,—geen vijftig jaren geleden,—noemde men S^r. (*Sinjeur,*) iemand, wien men meende dat de titel van Heer niet toekwam. Ik zag eens eene *assignatie* op eenen *kassier*, luidende: S^r. *N. N.* gelieve te betalen, enz. Thans zijn alle *Sinjeurs* [79]*Heeren*, zoo niet *Wel-Edel* of *Wel-Edelgeboren Heeren* geworden, nadat eerst de *Heeren Burgers* zijn geweest.—*O quantum est mutatum ab illo!*

Bl. 37, N°. 92. *De Haarlemmer-Meer is doorgaans diep negen Rhijnlandsche voeten.*—Uit het hier boven opgenoemd proces-verbaal van de Heeren HANEGRAAFF, KROS en VAN LAKERVELD BLANKEN blijkt, dat het water in het *Meer* meestal 12, 12½ en 13 voeten diep is, ja op eenige plaatsen 15 voeten, schoon op enkele 8 en minder. Die Heeren hebben 256 peilingen en boringen in het Meer bewerkstelligd. De diepte is door hen berekend onder het *Amsterdamsche peil.* De diepte op het door mij bij dit werkje gevoegde kaartje aangeduid, is derhalve beneden dat peil.

» 38, N°. 94. *Van de watermolens.*—Zeer breedvoerig handelt de Heer VAN LYNDEN over dit onderwerp in het VI^{de} Hoofdstuk zijner *verhandeling,* bl. 70-144. Sedert den leeftijd van LEEGHWATER is men in de werktuigen van uitmalen veel vooruitgegaan.

» 45, N°. 112. *De brouwers van Haarlem en Leiden.*—Het getal der brouwerijen te *Haarlem, Leiden, Delft* en elders in ons Land, was bevorens zeer aanzienlijk.

» 46, N⁰. 115. *Kordewagens* is het zelfde als *kruiwagens*. Zie WEILAND op het woord.

Ald. N⁰. 117. *Voor dezen heb ik dit* (de berekening der bedijking) *nog eens gesteld.*—Hieruit blijkt, dat LEEGHWATER reeds vroeger het plan eener droogmaking van het *Haarlemmer Meer* heeft gevormd.

Bl. 47, N⁰. 120. *Een schaft aarde.*—Eene *schaft* is 114 *kubiek voeten*. LEEGHWATER berekent de schaft op 50 cents; in het midden der vorige eeuw stelde men ze op 85 cents, en de Heer VAN LYNDEN zegt (bl. 178 zijner *verhandel*.), dat men dezelve thans, bij het graven van groote en diepe kanalen, tusschen de 1½ en 2 gulden moet berekenen. [80]

Bl. 48, N⁰. 121. *Notsloot* voor *Nootsloot* nog als zoodanig in gebruik, alsmede *notbrug*, *notweg*, enz.

» 51, N⁰. 134. *Dit alles bedraagt al te zamen zes en dertigmaal honderd duizend gulden.*—De berekeningen van de kosten der droogmaking zijn zeer uiteenloopende,

LEEGHWATER stelt ze op	ƒ 3,600,000.
BOLSTRA gaf die in zijnen tijd op als zullende bedragen	» 6,600,000.
de Heeren GOUDRIAAN en KLINKENBERG stelden in 1769	» 9,000,000.
de Heer A. BLANKEN, JSZ.	» 8,000,000.
de Heer ENGELMAN	» 12,000,000.
de Baron VAN LYNDEN	» 7,000,000.
en AL. STAPPERS slechts	» 6,000,000.

Terwijl, volgens de berekening van het Gouvernement, tot die droogmaking 8 Millioenen noodig zouden zijn.

Ald. N⁰. 153. Al wat in N⁰. 153 tot en met N⁰. 174 staat wordt in den eersten druk niet gevonden.

Bl. 63, N⁰. 168. *Heeft men het ongeluk in Holstein niet gezien, hoe het met de Meggerzee, Butsloot en het Noorderstrand is gegaan?*—LEEGHWATER verhaalt dit ongeval, hetwelk in 1634, daags vóór Allerheiligen, voorviel, en waarbij hij tegenwoordig was en groot gevaar liep om zijn leven te verliezen, zeer breedvoerig in de *kleine kronijk*, bl. 36, N⁰. 35 tot en met 48.

» 65, de laatste regel: 1643. — Dit jaartal staat onder al de uitgaven, die den vierden druk volgden. — LEEGHWATER heeft, na het uitkomen van COLEVELT'S*Bedenkingen*, zijn werk in 1643 nog eens nagezien en eenen IV^{den} druk van zijn Meerboek uitgegeven, naar welken al de volgende (met bijvoeging van de *kleine kronijk*) zijn afgedrukt. [81]

DRUKFOUTEN IN HET VOORWERK.

Bl. 22, laatste regel,		*staat*: nog bij de naza- ten,		*lees*: bij de nazaten.	
»	60, Aanteekening(3),	»	Lusac	»	Luzac
»	aldaar laatste regel,	»	W. P. D.*Baron*van Sytzama	»	M. P. D.*Baron*van Sytzama
»	99, regel 13,	»	zuchtten	»	zuchten

De fouten, als b. v.: *financiën, financiëel,* enz. voor *finantiën, finantiëel,* enz. of omgekeerd, naarmate men het verkiest, en andere die er hoogstwaarschijnlijk in zijn, gelieve de Lezer te verschoonen.

Bij het vermelde op bl. 111, in de Noot(2), kan men nog voegen, No. 181 van den *Avondbode,* van heden den 15[den] Junij 1838, waarin een *derde Artikel* der *Aanteekeningen op de Redevoeringen in de zitting der Staten Generaal, van 2 April 1838, met betrekking tot de droogmaking van het Haarlemmermeer,* door F. W. C. is geplaatst.

Verbeteringen

De volgende verbeteringen zijn aangebracht in de tekst:

Bron	Verbetering
[*Niet in bron*]	.
Veris	Veeris
[*Niet in bron*]	o
Roël	Roëll
geworgen	geworden
[*Niet in bron*]	o
[*Niet in bron*]	"
megedeelde	meegedeelde
[*Niet in bron*]	ons
,	.
[*Niet in bron*]	.